JN249308

Hans Christian von Baeyer
ハンス・クリスチャン・フォン・バイヤー〔著〕

QBism: The Future of Quantum Physics

松浦俊輔〔訳〕 木村 元〔解説〕

森北出版

QBISM: The Future of Quantum Physics
by Hans Christian von Baeyer

Japanese translation published by arrangement with Harvard University Press
through The English Agency (Japan) Ltd.

バーバラに

まえがき

私は引退した量子力学者だ。いくつかの大学でこの科目を教え、自分の研究でその数学的な仕組みを運用し、それが意味することを、講義や記事や本やテレビ番組を通じて一般の人々に伝えようと苦闘するという経験を経て、量子力学は私に深く刻み込まれている。それが私の宇宙についての考え方の特色となっている。

しかしジョージ・ガモフの古典『トムキンス』シリーズで「量子玉突き」や「量子のジャングル」の不思議な世界を知った高校のとき以来ずっと、私は量子力学の腑に落ちないもやもやとした感じに悩んでいる。[1] それは何の問題もなく機能し、私の期待――もちろん、他の誰の期待でも――に外れることはなかった。ところが自分でそれを使い、教えていても、ある深いレベルでは、自分はそれを本当には把握していないことがわかっていた。理論を切り拓いた人々が遠い昔に振り付けした動きを自分はなぞっているだけのように感じていた。物理学者はみなそうだが、私もニュートン物理学、またの名を「古典物理学」はすらすらとわかるし、必要な場合には、その教えを、伝道師が聖書を引用するときのように、章・節つきでそらんじることもあるが、量子力学についてはそんな熟知しているという感じが得られなかった。量子力学には変わったところがあるが、それは数学の複雑さに根ざすのではなく、そもそもそれが生まれたときからつきまとわれている逆説や謎に根ざしている。そうした謎の中でも有名な例がシュレーディンガーのかわいそうな猫の話だ。量子力学によれば、この猫は同時に死んでもいるし生きてもいることになるという。ほかにも、量子レベルの粒子は同時に二か所にあるように見えるとか、粒子が波のようにふるまい、波が粒子のようにふるまうとか、情報が瞬間的に伝わるように見えるといったこともある。それやこれやの謎をまとめて、「量子の奇妙なところ（ウィーアードネス）」と呼ばれている。

結局のところ私は、ノーベル賞も獲ったリチャード・ファインマンの言葉にすがるまで追い込まれた。ファインマンは二十世紀の先頭に立つ量子物理学の理論家の一人として有名なのに、自分自身を含めて「量子力学を理解している人はいない」と不満を言っていたのだ。ただその苦悩に満ちた認識を知ってもそれで安心とはならなかった。

そして、その後に予想外のことが起きた。私は退職後の準備を始め、自分は量子物理学と完全になじんだと思えることはもうないのだなと憂鬱な確信に引きこもっていた頃、量子情報理論という最先端分野の専門家、クリストファー（クリス）・フックスの論文に出会った。これもあまりよくわからなかったのだが、有望そうに見えた。そこで私は科学者社会の伝統に従って、私の学問上の本拠地、バージニア州のウィリアム・アンド・メアリー大学にフックスを招いた。フックスも応じてくれて、私は本人も誕生にかかわっていた量子力学の新解釈について知るようになった。これから本書で明らかにする理由によって、これは「量子ベイズ主義（クォンタム・ベイジアニズム）」と呼ばれ、だじゃれで

「QBism（キュービズム）」と縮められた〔日本では「Qビズム」とする表記が多いが、本書はBの部分を強調しているので、本訳書では以下、「QBイズム」と表記する。この表記で「キュービズム」と読んでいただければありがたい〕。QBイズムが相手にするのは、ずっと私の役に立ってきて、多くの装置の発明をもたらし、ひいては私たちの暮らしを変え続けるあれこれの産業を生んでもいる、量子力学理論の細かいところではない。QBイズムは理論の基本的な用語の解釈をしなおし、そこに新しい意味を与えるのだ。

　私と友人どうしになったフックスは、QBイズムは量子の奇妙なところの大部分を氷解させられることを辛抱強く教えてくれた。私たちは十年ほどの間に、スウェーデンの古城、カナダのハイテク系シンクタンク、スイスの山頂にあるホテル、パリのわびしい講堂といった変わったところでの学会や研究会で会った——いずれの地でも物理学者が集まって、QBイズムに賛成／反対を論じ合っていた。フックスと私はお互いの自宅を訪ね、数え切れないほどメールも交換し、何本ものワインを空けた。そういうことを経て、だんだん私にもわかってきたと思えるようになった。

　QBイズムは過激で奥深いが、とくにわかりにくいわけではない。私がQBイズムを受け入れるのに時間がかかったのは、従来の量子力学が成功していたせいだ。どんなに奇妙なところがあっても、これは驚くほどうまく自然を説明しているし、検証できる予測を生み出している。私は私の世代全般と同様、物理学の「黙って計算」学派と冗談で呼ばれている伝統の教育を受けた。私たちは量子力学を事実として受け入れ、実験を説明したり新製品を設計したりといった目的のためにそれを使い、もっと奥の意味には悩まないことを教えられた。「黙って計算」をもう少し穏やかな言い方にすると、「慣れなさい」ということになる。私たちは哲学的な疑念は脇にどけて、さっさと実際の問題を解くことを奨励された。そんな物の見方を乗り越えるのには時間がかかるものだ。

そういう無頓着さも、二十一世紀になり、量子力学の疑いもない威力を明らかにする量子情報理論が成熟してくると変化を始めた。そうした威力は量子暗号（破れない暗号を作る）や量子コンピュータ（解けなかった問題を解く）といった見事な応用例で利用された。量子暗号はすでに製品化されているし、量子コンピュータはそう遠くない将来に実用化されると考えられている。物理学界も、技術の急速な進歩に刺激されて、あらためて量子力学の本当の意味に目を向けるようになりつつある。若い研究者が量子力学の基礎の研究に関心があると言っても、もう夢想家として遠ざけられたりはしない。フックスらの共同研究チームの貢献により、受け入れられている知を検証しようという、新たな実り多い関心が刺激された――あまりにも長い間くすぶっていた火だねのような基礎の問題に火がついたのだ。

QBイズムのメッセージが徐々に物理学界に広がるのを見ているうちに、私はそろそろ、数式や方程式に簡単に手を出せない人々のためにこの本を書くべき時期だと見きわめた。二十五年ほど前、私は、一つ一つの原子を撮影した新たな画像が一般向けの物理学に及ぼした影響について書いた本〔『原子を飼いならす』〕に、確信というよりは希望をもってこう書いた。「われわれが原子で確立しつつある理解の絆（ボンド）〔化学結合の「手」のことでもある〕は、それにもっと深い意味を与え、いつか核心に迫る単純な考え方で、量子の謎が解決できるようになるだろう」。その日はまだ来ていないが、顕微鏡技術の進歩によって二十世紀に原子がおなじみになったように、QBイズムの深くて単純な本質は、私たちが二十一世紀の量子理解に近づけるようにしてくれることを、私は疑わない。

本書の第Ⅰ部は「量子力学」と題され、従来の理論を数学を使わずに紹介する。その意味を直観的につかんでもらうために、日常のおなじみの事物に見立てたりなぞらえたりする。高校の物理学があれば理解しやすいだろうが、必須ではない。

第Ⅱ部の「確率」では、確率に関する従来の、高校で習うような「頻度主義」解釈と、それほど知られてはいないベイズ確率、つまりQBイズムのBの部分との比較に目を転じる。この話の中心にあるのは、形式に沿った数学的確率論と、その実世界での応用との根本的な——かつ無視されていることが多い——違いだ。

こうしたことを準備しておいて第Ⅲ部で本題に入り、量子力学とベイズ確率をどう組み合わせて量子ベイズ主義にするか、またこの新しい解釈が量子の奇妙なところをどう解消するかを解説する。

最後の、いささか哲学的な「QBイズムの世界観」の部では、QBイズムから学ぶべき最大の意義、もっと深い意味を取り上げ、読者へのおみやげとする。QBイズムからすると、科学的な世界観の根底に向かう従来の姿勢は変化することになる。「自然の法則」とはいったい何か。そうした法則は宇宙の進展をすべて決めてしまうのか、それとも、私たちにはそれに影響を及ぼす自由意志があるのか。私たちが一部をなし、かつ観察している物質の世界と、私たちはどう関係するのか。時間とは何か。人間の理解が及ぶ限界はどこか。この部では、そうした問いがQBイズムの視点から取り上げられる。最終章では、QBイズムがこの先どう展開されるかを展望する。

QBイズムはただ古い酒を新しい瓶に入れ替えただけではないし、また量子力学の別の解釈が出てきたというだけのことでもない。量子力学は私の世界観の色を決めたが、QBイズムはその世界観そのものを変えたのだ。

目次

まえがき　ii

第Ⅰ部・量子力学――1

1　量子の誕生　2
2　光の粒子　12
3　波動／粒子の二重性　20
4　波動関数　28
5　「物理学で最も美しい実験」　37
6　ここで奇蹟が起きる　46
7　量子の不確定性　54
8　最も単純な波動関数　61

第Ⅱ部・確率 73

9 確率をめぐるごたごた 74
10 ベイズ師による確率 87

第Ⅲ部・量子ベイズ主義 99

11 明るみに出たQBイズム 100
12 QBイズム、シュレーディンガーの猫を救う 106
13 QBイズムのルーツ 111
14 実験室での量子の奇妙なところ 121
15 物理学はすべて局所的 133
16 信じることと確定性 139

第Ⅳ部・QBイズムの世界観 147

17 物理学と人間の経験 148

18 自然の法則 156
19 石が蹴り返す 162
20 「今」の問題 169
21 完全な地図？ 176
22 行く手にあること 180

付録 量子力学の四つの旧解釈 189
謝辞 193 解説 194 訳者あとがき 220 原註 228 索引 238

※〔 〕は訳者による註です。

第 I 部

量子力学

1・量子の誕生

量子を考えた張本人、ドイツの物理学者マックス・プランク(一八五八〜一九四七)によれば、その発案は「やけっぱちの行為」[1]だった。当時の物理学者は、一九〇〇年頃の公私の照明をガス灯から電灯に切り替えるという技術的課題に刺激されて、発光するものが輝く仕組み、つまりそれはどのように光を出すかという問題を調べていた。物体が熱くなって光を出すとき、ガスの炎であれ、白熱電灯の中の金属コイルであれ、太陽であれ、その物体はいくつもの色の光を放射している。一九〇〇年当時、光は何らかの波であることは知られていたが、何が振動しているのかはまだはっきりしていなかった。光の波は、水面波や音波のように、振幅、つまり波の高さや、振動数、つまり観測者から見て、山から谷を経て再び山に達するまでの一周を一秒間に繰り返す数[2]で記述される〔frequencyは、物理学系の話では「振動数」、工学系の話では「周波数」と訳されることが多いが、本書では「振動数」にまとめる〕。肉眼では循環を見ることはできないが、様々な色の光が振動数によって区別されることがわかっている。赤い光は緩い方の振動、つまり低振動数に相当し、黄色は中間の振動数、青い光は高い振動数、つまり急速な振動で規定される(覚え方——赤が遅い振動か速い振動

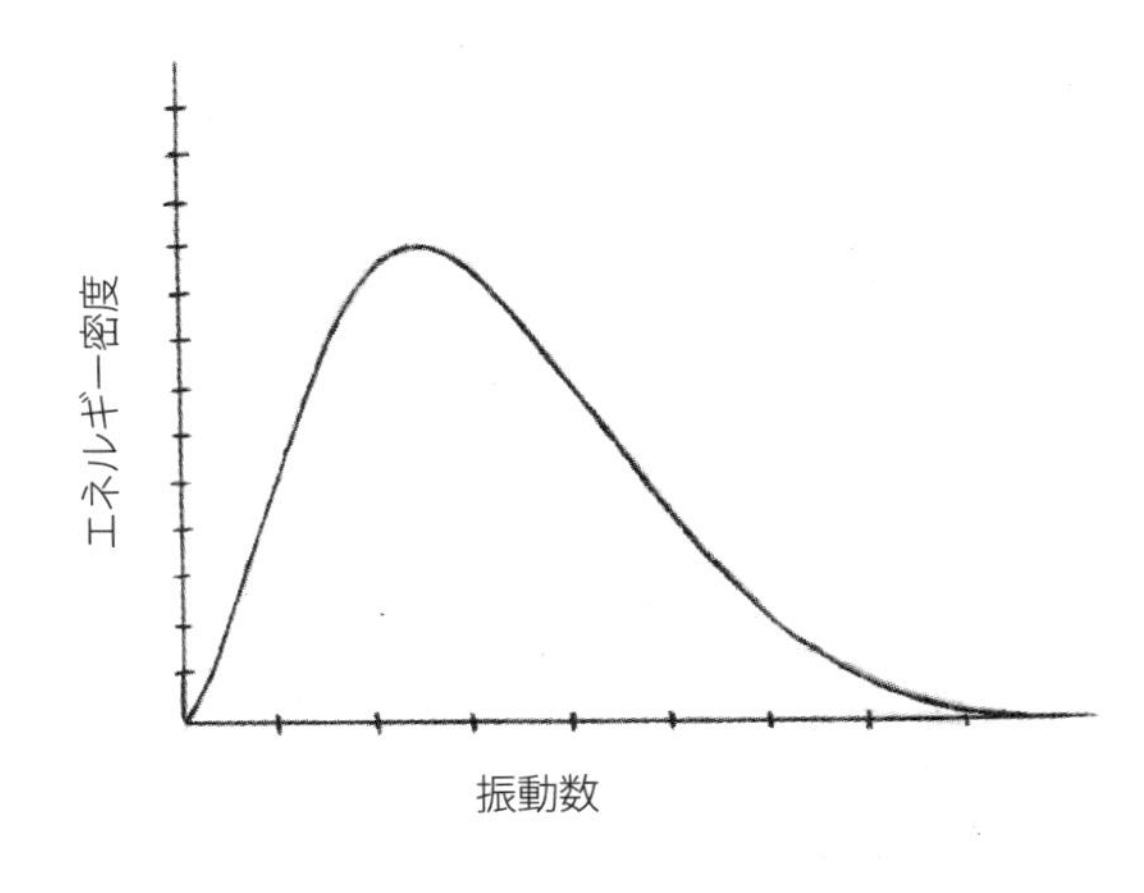

かを思い出すには、虹の赤よりも振動数が低い光を「赤外(インフラレッド)」線と呼ぶことをおぼえておこう。接頭辞の「インフラ」は、下部構造(インフラストラクチャー)の場合のように、「下」を意味する。虹の高い方の端より上には紫外線(ウルトラバイオレット)があり、こちらの接頭辞「ウルトラ」は「超える」を意味する)。自然ではあたりまえにあるように、多くの色が混じった場合には、物理学者は「振動数と強度の間にどんな関係があるか」と考える。ふつうの言い方をすれば、赤い光がどれだけ出ていて、黄色はどれだけで、青はどれだけかというふうに、虹のそれぞれの色について考える。

　プランクの時代の実験物理学者は、実験室の理想的な条件下でこの関係を測定し、きわめて精密なグラフにしようと競っていた。横軸に振動数をとり、縦軸にエネルギー密度、つまり光の強さをとると、「スペクトル曲線」は山のように見える。発せられる最も強い光が山の頂上となるところを決める。たとえば太陽のスペクトル曲線は、スペクトルの黄色の部分に頂点がある。左側の赤外線や赤が記録されているところではエネルギーはあまり出ていない。そこから高い方の振動数に寄っていくと、曲線は黄色のところで最大値になり、再び下がって青や紫、目には見えない紫外線のところでは強度は低くなる。

理論家の方は、このスペクトル曲線を物理学の基本原理から導くことによって説明しようとして、これまた競っていた。プランクも何年もの間、この問題を研究していたが、成果は一部についてしか得ていなかった。結局、十九世紀も終わろうかという頃になって、それまで自分では馬鹿にしていた統計学的な扱いを試してみた。山の形をした曲線は、確率論や統計学の分野ではおなじみだったのだ。たとえばサイコロを二個、何度も振って、1のぞろ目から、目の和が3、4、5……12までになったそれぞれの回数をグラフにするとしてみよう。横軸に2から12までの出た目の値（二個のサイコロが見せる目の数の合計）をとり、縦軸にそれぞれの値が出た回数をとる。きっと結果は山の形になると思うだろう――完全に対称的ではなくても、両端で低く、中央の最大値に向かって高くなる。この形になる理由は、それぞれの目になる場合の数という考え方で説明される。2になるのは1のぞろ目（1、1）の一通りだけで、12になるのも（6、6）の一通りだけだ。ところが7になる場合は、（1、6）、（6、1）、（2、5）、（5、2）、（3、4）、（4、3）の六通りもある。間の3、4、5、6や8、9、10、11が出る場合はどれも六通りよりは少ない。どの組合せも出る可能性は同じなので、場合の数がいちばん多い目（7）が首位で、グラフの中央の7のところに頂点ができることがきれいに説明できる。

プランクがスペクトル曲線についてしたことは、これとよく似たことだった。そのためには、連続量〔値をいくらでも細かくできる量〕による問題を離散量〔とびとびの値をとる数〕による問題に変換

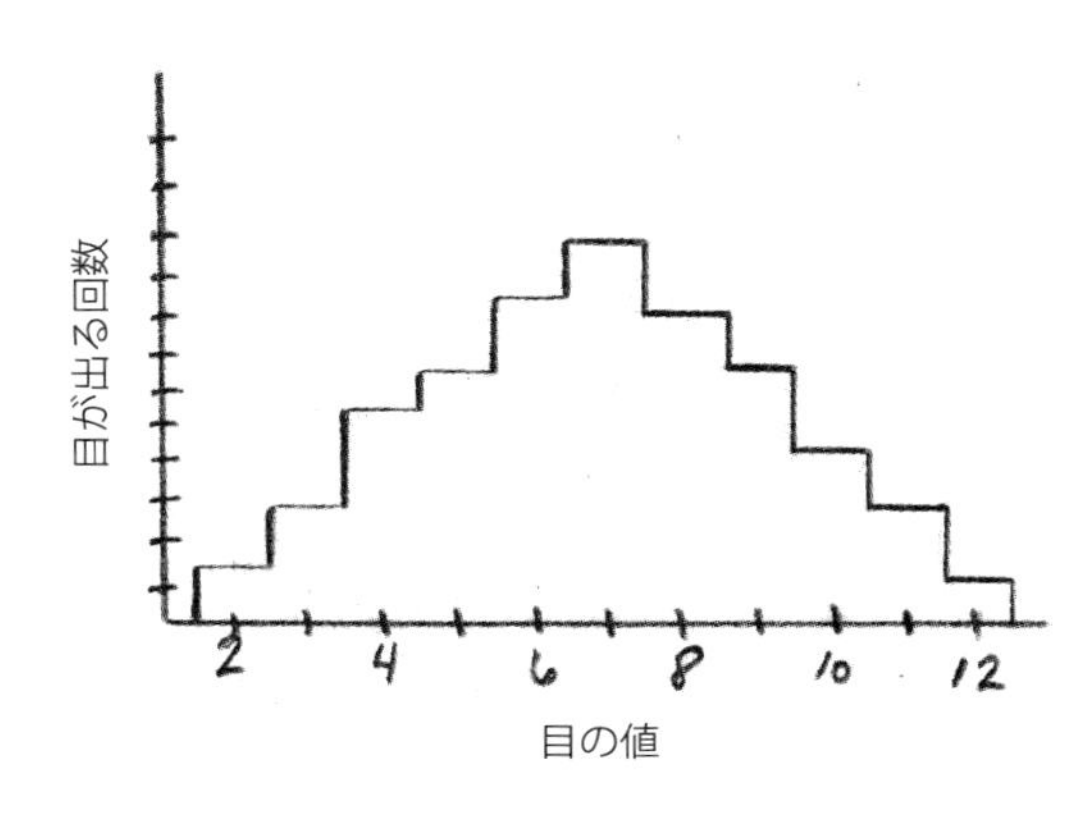

する必要があった。サイコロ実験での横軸も縦軸も、一つ二つと数えられる離散量を用いている。どちらも単純な整数で表される。これに対してスペクトル曲線では、光の振動数はゼロから無限大までの実数で表される（虹は「赤橙黄緑青藍紫」だけでできているのではなく、間にある数えきれない色で構成されている）。スペクトル曲線の縦軸もやはりやっかいだ。発光する物体が放出するエネルギーも測定はできるが一つ二つとは数えられない。「場合の数を数え」たいなら、なめらかなスペクトル曲線を、メキシコのピラミッドのような階段状のグラフで近似しなければならなかった。階段が十分に小さければ段はわからなくなり、ぎざぎざの輪郭でも実際のなめらかな曲線の代わりが務まる。

プランクは、当時の何人かの人々と同じく、原子が実在することを信じていなかったが、優れた想像力を持っていたし、光を放つ物体の熱エネルギーは何らかの見えない動きの表れだということを知っていた。私たちが熱と認識しているものは、実際には、物体をなす物質の内

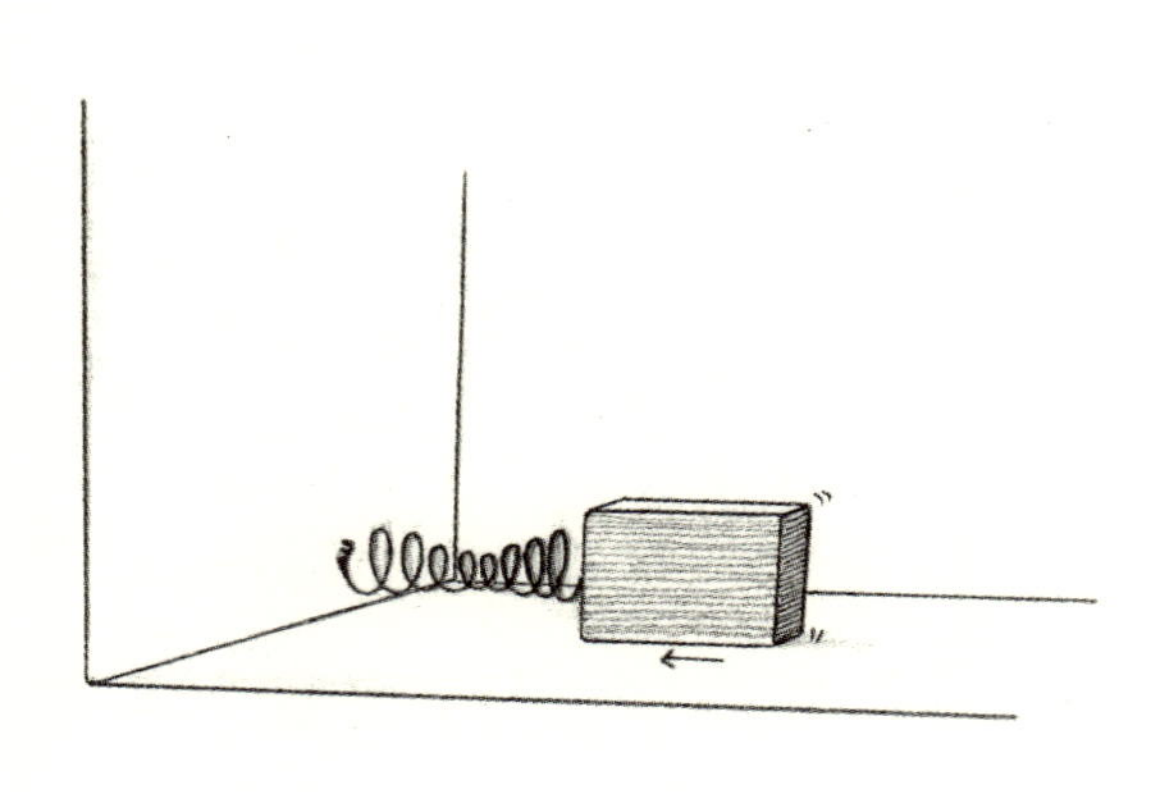

部での、それとわからないほど細かな振動だ（手をこすり合わせたり、硬いものに電動ドリルで穴を開けたりするだけで、運動を熱に変えることができる）。こうした理解の上で、プランクは振動数もエネルギーも数えられるようにする巧みなモデルを考えた。

エネルギーを蓄えて、定まった振動数で振動する単純な仕掛けは調和振動子という（「調和（ハーモニック）」というチャーミングな名前は音楽の音を生み出す振動の役割に由来する）。壁に取りつけたばねの端で摩擦のない面で静止しているおもりが調和振動子、略して振動子の例となる。音叉、楽器、振り子も振動子の例だ。緩んだばねで静止している振動子は、ばねが引き伸ばされたり押し縮められたりしたときに蓄えられる運動エネルギーも位置（ポテンシャル）エネルギーもない。しかし少し押せば、そのエネルギーは、一定の振動数で、なめらかに運動エネルギーから位置エネルギーになり、またその逆になるのを繰り返す。振動数の大きさは文字fで表される。本当に摩擦がなかったら、全エネルギーは一定で、優美な調和的運動が永遠に続く。

プランクは、仮の便法、つまりただの数学的な仕掛けとして、発光する物体（燃えるガスの小さな塊など）に、どういう造りかは明らかではないが、特定の振動数で振動することによってエネルギーを蓄え、同じ振動数の光を規則正しく出したり吸収したりすることだけが役目の極微の振動子が膨大な（それでも無限ではない）数備わっていて、熱エネルギー全体がその振動子に分配されていると考えてみた。その振動子は、ガスに無数にある他の性質——たとえば化学的組成、密度、電気抵抗——のいずれのモデルにもならないと想定されていた。プランクのモデルはこじつけめいていたが、明察だった。

後に、このプランクのささやかな架空の振動子が実は本当にあることが明らかになった——輝くボールのようなものをなし、実際に光を出したり吸収したりする、振動する原子や分子だった（図の架空のモデルにある固い壁は個々の振動する原子を囲み、おおむね一か所にとどめている大量のガスを表す）。原子はもちろん膨大な数があるが、現実の物にある原子の数は数えられるし（実際に数えるのは難しくても、原理的に）、有限だ。他方、プランクの振動子は、自身の言い方によれば、「純然たる形式的な仮定で、私は実際にはそれについてあまり考えなかった」という。この飛躍の要点は、サイコロの目が2から12までの十一種の離散的な値をとるのに似て、振動数の分布も、離散的な、数えられる種類の有限個の値に分割されるということだった。

プランクがもう一つしなければならなかったのは、放射エネルギー、つまり明るさを表す縦軸を分解して、やはりサイコロのときに回数を積み上げたように、離散的な段として扱うことだった。この目的のために、プランクは奇妙な、まったく聞いたこともない仮定を立てた。それぞれの振動子に蓄えられるのは、小さな同じ量のエネルギー——言わば、エネルギーの原子、プランク自身の言い方では「エネルギー素子」——だけだという。これはただ振動数の軸を分割するよりもなお影響が大きい仮説だった。それぞれの振動子について、プランクは同じ大きさの塊にエネルギーを分け、その塊の大きさは振動数によって異なるという可能性を認めた。塊が持つエネルギーは e と呼ばれ、振動子に蓄えられるエネルギーは、0、e、$2e$、$3e$ などだけとなる。気をつけなければならないのは、光を出す粒にあるエネルギーは限られているので、この数列が無限大まで行くことはありえないということだ。一個の振動子に蓄えられるエネルギーは、そこに入る全エネルギーだけで、それ以上はない。この微妙な点が、結局、計算に重大な違いをもたらした。それは計算を無限大に発散させることなく、扱いやすい有限の範囲に収めたのだ。

実際の実験から得られるスペクトル曲線について予測を立てるためには、実際の e の値を求めなければならなかった。そういう小さな架空の塊一つにどれほどのエネルギーがあるだろう。通常の振動子のエネルギーは、振幅が一定に保たれるなら、振動数とともに増えることがわかっていたので、一個の塊が持つエネルギーの量はその振動子の振動数（f）に比例する、とプランクは仮定した（振れ方が速いほど、運動エネルギーは大きくなる）。数学的に言えば、基本的な塊 e は、振動数に、h と呼ばれる小さな調節可能な定数をかけることによって得られるということだ（調節可能な定数は「パラメータ」とも呼ばれ、事情に合わせて微調整されるが、その後は固定される）。記号で表すとこうなる。

$$e = hf$$

プランクは、振動子の膨大な集合に蓄えられる天文学的な個数のエネルギー塊を頭の中でシャッフルして、全エネルギーが振動子に配分される「場合の数」を数え、ガスの球全体について振動数とエネルギーによる曲線をグラフにした。サイコロの場合と同じく、得られる曲線の左右の端は中央の頂上より低くなる。hの大きさをいじり、データに合うよう値を調節して、実験で測定されるスペクトル曲線を驚くほど精密に再現した。

プランクはこの成果でノーベル賞を受賞したものの、自身では長年、このエネルギーの塊はあくまで計算上の補助と考えていて、もっと精密なモデルが切れ目のない連続性を再現してくれることを願っていた。実験室で測定される実際のスペクトル曲線を表す最終的な式にもhは出てくるので、hをただ無視したり、それが消えるようにすることはできなかったが、この小さな振動子と極微のエネルギーの塊はただの作為であることを願った――絵を描く補助として紙の上に投射されるが、後でスイッチを切ると消える光のグリッド線のように。

しかしプランクはどちらの点でも間違っていた。ここで取り上げたような振動子は、実は原子や分子のことだった。一方、エネルギーの塊は「quanta（クワンタ）」（＝量子）と呼ばれるようになり（ラテン語で「量」を表す「quantum（クワントゥム）」の複数形）、パラメータhは、今ではプランク定数と呼ばれ、量子力学の領域の基本通貨となった。プランクのやけっぱちの仕掛けが、現代物理学誕生の幕開けを告げることになった。

プランクのささやかな式、$e = hf$は、アインシュタインの手で、やはりアインシュタインの$E = mc^2$が相対性理論の代表像になったのと同じく、量子力学の代表像とでも呼べるようなものになった。二つの等式のうち、$E = mc^2$ の方が有名だが、$e = hf$ も劣らず強力だ。エネルギーと質量の関係は相対性というもっと奥にある原理から導かれるが、プランクによるエネルギーと振動数の結びつきは、初期量子論の、説明抜きで立てられる公理となった。今ではこれは、もっと根本にある原理の上に立つ量子力学の帰結とみなされている。

h の現代での値は、メートル法で次のように与えられている。[3]

$$h \approx 0.000\ 000\ 000\ 000\ 000\ 000\ 000\ 000\ 000\ 000\ 000\ 662\ 606\ 957\ \text{J（ジュール）・秒}$$

科学の慣行では、$h \approx 6.63 \times 10^{-34}$ J·sと書き、この方が確かに便利だが、一つ増えるたびに十分の一になる0を三十四個書き並べてみれば、この原子の世界が私たちの五感には捉えられないことを視覚的にわからせてくれる。私たちが直接に経験するのは、見える範囲、だいたい100km、つまり$1.0 \times 10^{+5}$ mほどから、細い人毛の幅、10ミクロン、つまり1.0×10^{-5} mあたりの範囲にわたる。その狭い十一桁の幅の外にあるものについては、望遠鏡なり顕微鏡なり、何らかの機械的な補助を必要とする。しかしそうしたものを使っても、プランクが計算した想像を絶する極微の大きさにはとても届かない。量子の領域は、私たちの感覚や測定装置で直接に明かされたのではなく、理屈によって明らかにされたのだ。

プランク自身はそのエネルギーの塊を嫌っていたので、自分ではその式のとてつもない意味は捉えそこねた。それを見抜くのはアルバート・アインシュタインに委ねられた。こちらはプランクから五年後、量子を数学的な便宜的作為から測定できる実在に引き上げた。アインシュタインは光として発射されるエネルギーが伝わる間にも離散的な性格を残しているかどうかを調べにかかった。南ドイツのババリア地方出身のアインシュタインは、この問題を口語的にこんなふうに言ったことがある。「ビールはいつもパイント瓶で売られるが、だからといってビールがパイント以下には分けられない分量でできているということにはならない」[4]。プランクはそのような部分量が物質にあると考えていたが、アインシュタインは、光についてはエネルギーの塊でできていると唱え、その塊を光量子と呼び、これが後には「光子」と呼ばれるようになった。

古代ギリシアの「原子論者」と呼ばれる哲学者は、物質がそれ以上分けられない粒子でできていると唱えた。「電子」という切り分けられない電気の粒は十九世紀の末に発見されていた。アインシュタインは、物質や電気と同様に光も詳しく調べれば粒々だということになると唱えたのだ。

2・光の粒子

アインシュタインがあの過激でとてつもない影響を及ぼしたアイデアにどう達したのか、正確にはわからないが、いくつかの手がかりは残っている。それを尋ねられてアインシュタインは、「何を考えていたか」と言われても、それは言葉や式から始まるものではないと答えた。むしろ「イメージの自由な戯れ」から始まるのではないかと言う。夢想とか、いたずら書きとか呼ばれそうな作業、あるいは頭の中のイメージが互いに、万華鏡の中の色とりどりのかけらのようにくっついたり離れたりできるようにすることだ。そういうものであってもまだ思考にはなっていないとアインシュタインは続けた。しかしその戯れるイメージの中に何かのパターンが繰り返し浮かび上がれば、それが新しい概念を示唆しているかもしれない。最後に、その概念が言葉や数式の記号にまとまると——わかった（ヘウレーカ）！——アイデア誕生となる。

特殊相対性理論で同業者を驚かせた一九〇五年、アインシュタインは光電効果の謎についても考えていた。何らかの金属板の表面に光を当てると、金属にある電子がたたき出されて放出される。電子の電荷は負なので、それが飛び出した後には、正に帯電した金属板が残る。この作用が詳しく調べられると、二つの謎がつきつけられた。予想されることだが、いろいろなエネルギーの電子が出てきた。そうした電子は金属本体の中で跳ねまわり、減速して、気まぐれに脱出するものと考えられる。しかし、特定の色の光を当てると、出てくる電子のエネルギーには必ず最大値、つまり電子が超えることのできないエネルギーの閾があるらしかった。光の強度を上げることはできる――金属板が光のエネルギーに浸され、電子が次々とたたき出される――が、それでも電子の最高速度、あるいは最大エネルギーは増えない。何が邪魔しているのだろう。

この光電効果のもう一つの謎は、光の色だけでなく、異なる金属どうしで比べたときに顔を出した。それぞれの金属には、光の振動数に下限があって、それ以下では光電効果が止まった。つまり、光の振動数が低すぎると――光の色が「赤すぎる」と――当てる光の強度をいくら上げても、電子は解放されなかった。赤い方の光は何が足りなくて、電子を金属から引き離せないのだろう。

この二つの観察結果――電子の最大エネルギーと光の最低限の振動数――のいずれも、古典的な事物の枠組みでは筋が通らない。光は波だというのは、十九世紀のはじめに決定的に実証されていた。その後、物理学者はその波を、急速に振動して空間を光速で広がる弱い電場と磁場の波と記述することも学んだ。電子を浜辺の小石と考え、光をそこに打ち寄せて小石をはね飛ばす海の波と考えるという、アインシュタインの頭にも先に触れた「いたずら書き」を始めたときには浮かんでいたかもしれないイメージでは、光電効果の変わった細部の理由は見えてこない。しかし一定の状況を考えると、電子には最高速度の制限がかかることになる。原子論の成功に促されて、入ってくる光の波が実は、何らかの離散的な同一の塊でできていると考えてみよう。この塊は本当の原子や分子ではない。光が物質でできていないことはわかっているからだ。しかしある色の光の想像上の塊はすべて同じエネルギーを持っていて、そうした塊の一つが一個の小石にまともにぶつかると、その石は塊の全エネルギー（まで）を吸収できるのではないか（玉突きをする人なら、手球が転がって、止まった的球にまともに衝突すれば、手球の全エネルギー――それ以上にはならない――が的球に移ることを知っているだろう）。このイメージで考えた場合、飛び出す電子のエネルギーに、観察されるとおりの最大エネルギーがあることになる。

この時点でアインシュタインは、五年前にプランクがしぶしぶながらも採用せざるをえなくなった苦肉の策、つまり、物質は光を $e = hf$ ずつのエネルギーの塊で放出するという仮説のことを思い出しただろう。アインシュタインが考えた光電効果とプランクの光を放つ物質のスペクトル曲線は無関係の現象だが、どちらも奥底のところで光の本性とかかわっている。アインシュタインの言ういろいろなイメージと戯れるような過程があればこそ、この二種類の結果――一方は光の吸収に関するもので、他方は光の放出に関するもの――が共通のパターンを明らかにするのではないかということが見えてきた。そのうえでの決定的な一歩が、原子仮説を、それが見事に成功を収めていた物質と電気の世界から、光も含むように拡張することだった。それを塊とか束とか量子とかどう呼んでもよいが、今日では、光の「原子」は「光子」と呼ばれ、これは電子の次に発見された本当の素粒子〔それ以上分けられたり崩壊したりしない粒子〕だ。それはその後に登場する多くの他の素粒子――最も新しい有名なヒッグス粒子は、半世紀にわたる捜索の末、二〇一二年に発見された――のお手本の役目をした。

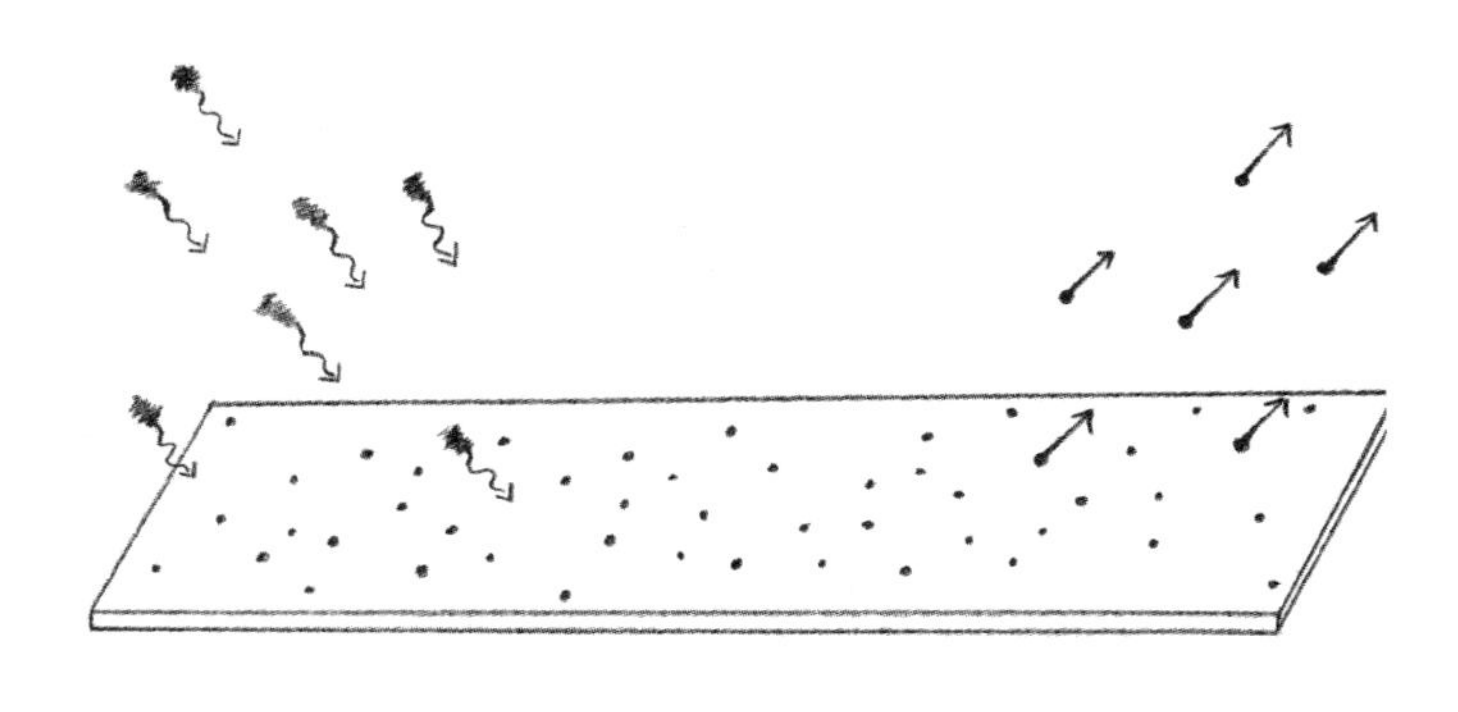

アインシュタインは浜辺で波に打たれる小石というイメージを、金属板に積み重なって、おおむね静止している電子の群れに、光子が次々と衝突するというイメージに換えた。ときどき光子が電子に当たり、持っているエネルギー e を与え、掌で受けた雪のように消える。すると突如として電子は動き出し、付近の原子に当たって進路をジグザグに変えながら、最後には閉じ込められた金属板から離れる。最初にエネルギー e をもらっても、途中で一部は失うが、ここが肝心なところで、それ以上にエネルギーが増えることはない。一定の色の入射光の強度を上げても、吸収される光子の数は増えるが、それぞれが運ぶエネルギーは同じ e だ。影響される個々の電子が受け取る最大エネルギーは一定で変わらず、受け取る電子の数が増えるだけ——これで第一の謎は解決する。

第二の謎の解決が最初に視野に入ったとき、アインシュタインはぞくぞくしたにちがいない。なぜ最小の振動数——「赤側の限界」——があって、それより下の振動数では光電効果が動作しないのか。金属板にある正電荷を持つ原子核による電気の引力が、電子を井戸に閉じ込められた蛙のように金属板に留めている。電子は光子によってジャンプ力を強めてもらわなければ脱出できない。その強化が不十分なら、電子は内部にとどまるしかない。色が赤すぎると、つまり入射光の振動数が低すぎると、プランクの式によって、個々の光子のエネルギーは弱すぎることになり、必要な加速を提供できない。金属ごとに最低振動数が決まっていて、それを下回る入射光をいくら強くしても、電子を金属板からたたき出せない。

光子がおおむね静止した電子に当たるというイメージに基づく、アインシュタインの光電効果モデルが妥当であることの証明には、十年以上の念入りな実験を要したが、その結果は納得できるものだった。光は粒子でできているのだ。

光が波でできていることの実験による実証は、やはり説得力があったし、ずっと簡単でもあった。最初に行われたのは一八〇三年、プランクやアインシュタインの量子仮説より約一世紀前のことで、トマス・ヤング(一七七三〜一八二九)の実験だった。

波に独特の、まぎれもなく粒子とは違う特徴は、特定の状況では、波どうしが打ち消し合って何も残らないことがあるという事実だ。これは「弱め合う干渉」と呼ばれる仕掛けで、これは常識的に言って、玉突きの球やビー玉など、日常の粒子にはできない。二つの同じ波が異なる方向から同じ地点に達するとしてみよう。出会うところでは波は重なって、「重ね合わせ」と呼ばれる事態になる。この言葉は、二枚の写真を重ね焼きするように、同じ位置を「互いの上に乗って」占めることを意味する。二つの波の足並みが完全にずれていて、一方の山が他方の谷に重なるように出会うと、両者は周期が同じであるかぎり、ずっと相殺し合う。波が弱め合う干渉を起こして暗くなった

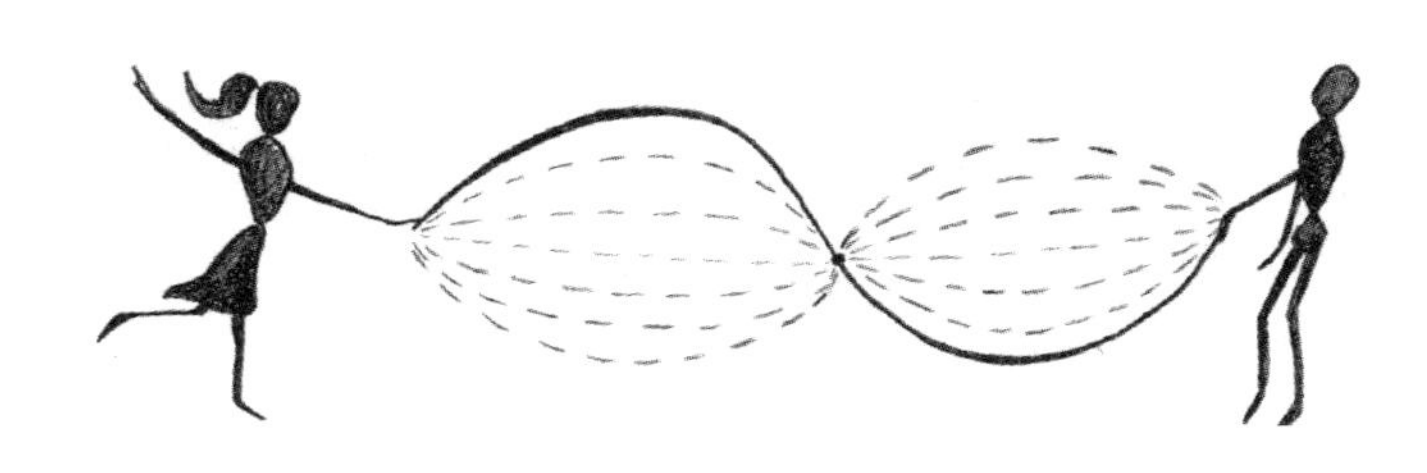

ところは、どこを見ればいいかがわかってさえいれば、自然界でもよく見られる。海の波、音波、電波、さらには地震波でも、子どもが縄跳びの縄を揺すって作る波でも、そのような動かないところを作ることがある（逆に二つの波が歩調をそろえて、山と山、谷と谷が出会うようになっていると、波の起伏が大きくなり、「強め合う干渉」と呼ばれるものになる）。

レーザーの発明は、それ自体が量子力学の産物だが、光の弱め合う干渉の観察を易しくしてくれた。YouTubeを「二重スリット干渉実験（Double-Slit Interference Experiment）」のような検索語で検索すれば、光に波の性質があることを示す手作りの動画がいくつも挙がってくる。その一つでは、細い針金の両側に絶縁テープの小片を貼って■—■のようにした二重スリットの形の覆いを使い、レーザーポインタを遮光している。この二本のスリットを通して壁にレーザーを当てると干渉縞ができる。[1]二重スリットを通った光線は、覆いを通過するときには完全に歩調がそろっている。ところが、壁のどの点にも二つの別の光源からの光が届く。二本のスリットから各地点への距離はわずかに異なるので（中央の一本の線上を除けば）、波は壁の地点が正確にどこにあるかによって、歩調をそろえて届いたり外して届いたりする。壁に映って見えるのは、明暗が繰り返されて平行に並ぶ縞模様だ。

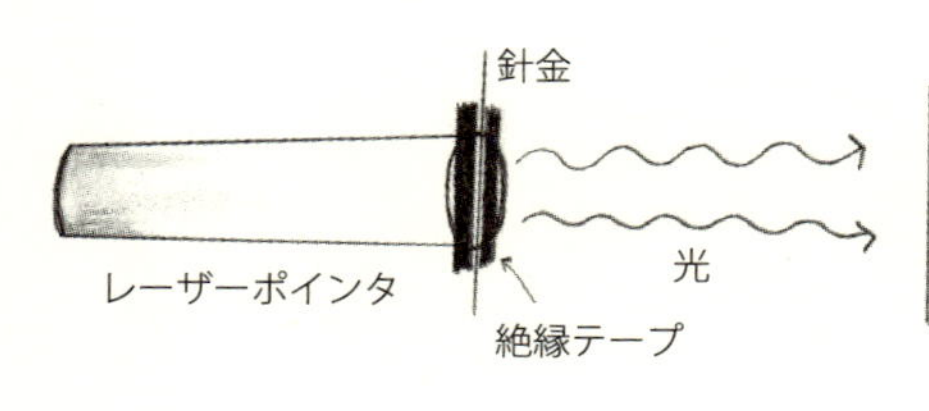

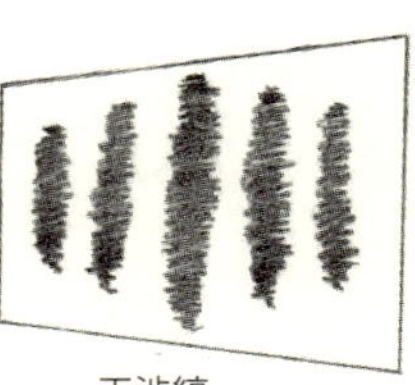

ちょっとだけ回り道をして、光源としてピンホールのような穴を二つにするのではなく、スリットを使うことについてひとこと。干渉がはっきり現れるようにするには、ピンホールの場合には穴を小さくして近づけなければならない。この制約があるため、ピンホールを通る光の量が少なくなる。しかし二つの細いスリットにすると、二つの光源は細くして接近させなければならないとはいえ、いくらでも長くすることができ、それによって光の量が多くなり、像も見やすくなる。そのためこの実験はたいてい、ピンホールではなくスリットで行われる。

壁の明るい線は二本のスリットからの光が強め合うところにできる。暗い線は、二本の光線が相殺し合うところで、光が波であることの証拠となる。

実は、光が波でできていることがわかってしまうと、どこにでも干渉の作用を見ることができる。たとえばシャボン玉のくるくる回る色も干渉が起こしている。光線がシャボン玉の膜に当たると、薄い水の膜でできたシャボン玉の内外二つの面で反射する。内側の面で反射した光線の部分は、外側の面で反射した部分よりも少し遅れて水を通り抜け、少しだけ歩調がずれる。ずれの大きさは水の壁の厚さと、光の振動数、つまり色によって決まる。二本の光線が再び合わさって眼に届くとき、歩調

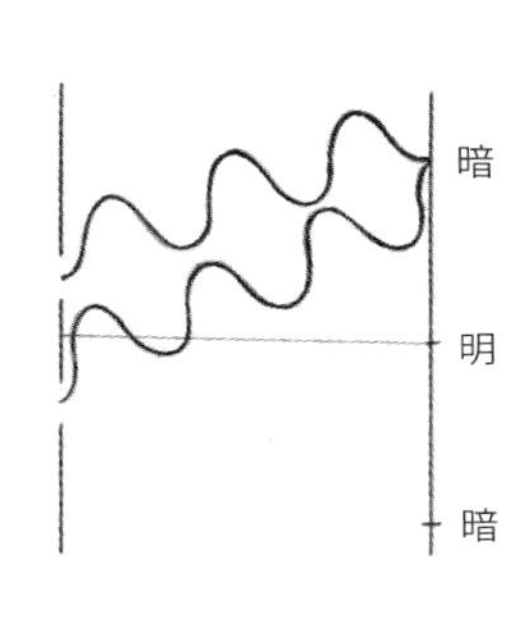

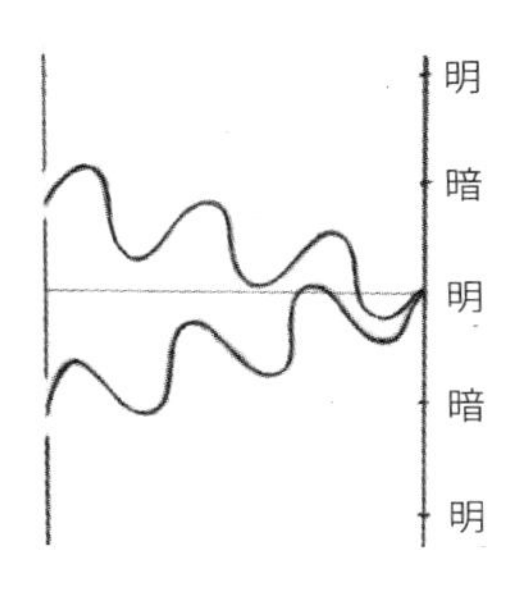

が外れた光は弱め合い、完全に歩調のそろった部分は強め合う。つまり、シャボン玉の壁の厚みが異なることで色が変わり、シャボン玉がねじれたり、揺れたり、変形したりすると、色が変わる。自然はまねのできない華麗な形で、光が波であることを明かしている――海面が波立っていることを見せるのとほとんど変わらない明瞭さで。

CDを斜めから見ると反射する光が虹色になることや、蝶の鱗粉の虹のような色、貝殻の真珠質層や、雨上がりのアスファルトの揺れる油膜や、クジャクの尾羽にも見られる美しい色彩なども干渉が見せる現象だ。いずれも、光が波であることを自然流に語っている。ところが光が降り注ぐ細かい塊のようにもふるまうことの方は、自然は明らかにはしたがらないらしい。光というどこにでもある驚異の存在の隠れた面を引き出すには、わかりにくい現象――光電効果――とアルバート・アインシュタインの特異な想像力が必要だった。

そこで、私たちは光をどう考えればいいのだろう――空間を光速で伝わる電磁波か、それとも微かな粒子の流れか。

3・波動／粒子の二重性

光子は変わった奴だ。二重スリット実験を繰り返し、届く光子の画像を保存したとすると（紙の的にライフルで撃った弾の痕が保存されるように）、徐々に画像が大きくなって、光の二つに分かれる性格の両面、つまり波動／粒子の二重性を同時に観察できるだろう。光の明るさを下げて、平均して一分に一個程度の光子しか発射されないようにしてみよう。壁には最初、何もない。その後どこかに斑点が現れる。小さな針の跡のような点が光子の到着を告げる。一分か二分かすると、次のドットがどこかに現れる。当たる間隔はランダムで、ぽちっ――空白――ぽちぽちぽちっ――長い空白――ぽちぽちっ――短い空白――ぽちぽちぽちぽちっ……というふうに続く。長い間ドットは壁の全体にランダムに散らばっているように見える。ところが何百回も当たると、あるパターンが見えてくる。何もないところによる縞が規則正しい間隔で、二つのスリットに平行な方向に延びて画像を横断している。何千個の光子が記録されるだけの時間待てば、二重スリット干渉実験の特徴的な縞模様が現れる。

離散的（とびとびの）粒子はドットを作るが、縞模様は否定しようのない波の証拠となる。人によってはいぶ

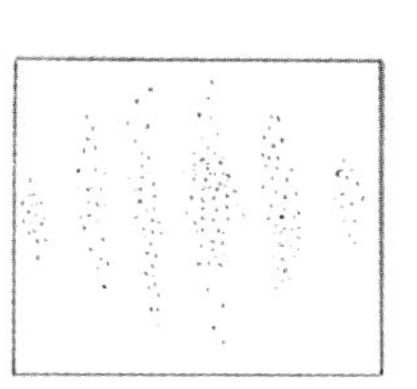

かしそうに、水面波も無数の粒子、つまり水の分子でできているじゃないか、光が波と粒の両方であることに何の不思議があろうかと言われるかもしれない。光と水の微妙な違いは、タイミングにある。水面波は（スタジアムでファンが作る波のように）、無数の単位でできていて、単位はそれぞれ隣と何らかの形で連絡していて、協調して動いている。しかしレーザー光源からの光子は、長い間隔をおいて届くので、連絡や繋がりはありえず、動きを調整することもできない。何分どころか何時間をおいて届くこともありうるが、結果は同じだ。まるでスタジアムにいる目も見えず耳も聞こえない観客が——互いに触れることもなく——整ったウェーブを作るようなものだ。魔法のような、奇妙な話だ。

二十世紀初頭の物理学者は、光子の波動／粒子の二重性だけでも悩ましいと思っていたというのに、まもなくもっと大きな衝撃を受けることになる。一九二三年以後、物理学者は波が粒子のようにふるまえるだけでなく、逆も起こりうることを知った。電子という粒子と考えられていたものが波のようにふるまえるということだ。この驚きの説の証拠は、レーザー光の二重スリット実験にぴたりと重なる同様の実験から出てきた。レーザーの代わりに電子の細いビーム——レーザーのように強度を変えられる——を使い、スリットはお手製光干渉実験のときよりもずっと狭く、ずっと間隔を小さくしなければならない。何もない壁や写真乾板の代わりに、電子が当たるたびに発光する蛍光スクリーンにする。しかし結果はまったく同じことで、ランダムな間隔で予測できない位置に斑点が現れながら、徐々に平行の完璧な干渉縞ができる。このことについてはさらに第5章で見る。

見事な歴史の皮肉だが、波動／粒子の二重性は、後に量子論と呼ばれるようになった理論の基礎を敷くのに貢献したイギリスの物理学者父子に具現している。一九〇六年、J・J・トムソン（一八五六〜一九四〇）という、当時の実験物理学の大家の一人が、電子は粒子であることを証明してノーベル賞を獲得した。電場の中の電子が、放物線という、ゴルフボールが地球の重力場を飛ぶのと似た軌道をとるのを捉えたのだ。三十一年後、その息子のG・P・トムソン（一八九二〜一九七五）も、父の跡を継いでノーベル賞を獲得した。電子が弱め合う干渉を起こすことを示して波であることを証明したことによる。文章家でもあった父がそのジレンマを要約している。「［物理学の波動／粒子の見方は］トラとサメの争いに似ている。それぞれ、陸と海では最強だが、相手の土俵では無力である」。光子あるいは電子を粒子と考えたのでは、どちらについても二重スリットの干渉を説明できない。逆に両者を波と考えたのでは、光電効果や電子の弧を描く進路を説明できない。かといって波動説と粒子説は両立しそうにない。

J・J・トムソンの名言は、異なる状況で観察される光子と電子の両方を記述する、トラとサメほど根本的に異なる二つの理論のことを言っていて、それでは正しい理解を求める欲求が満たされない。物理学が目指すのは、物質的宇宙にあるすべての対象、すべての出来事について、単に納得できる筋書きを語るのではなく、自然を記述するための幅広い、筋の通った一つの理論を生み出すことだ。アインシュタインほどこの統一への情熱に動かされた人はいない。そもそもトラとサメが張り合う騒ぎを巻き起こしたのはこの人だった。光の粒子を唱えて四年後、量子力学が誕生する十六年前の一九〇九年、アインシュタインはドイツの物理学者が集まる会議での講演で、こう予言した。「私は理論物理学の次の局面が、［波動］説と［粒子］説の融合と考えられるものをもたらすものと信じます」。アインシュタインは何が必要かは正確に知っていた。ただ、後に与えられる答えにはまったく納得しないことになるのだが。

波動／粒子の二重性の困ったところはすぐに見つかる。波と粒子の区分は、私たちの身のまわりにある日常的で巨視的なニュートン的世界を観察することから導かれた区分で、原子の領域にはただただ不適切なのだ。光子は海の波とも弾丸とも違うし、電子にもそれが言える。どちらも波と粒子と共通の性質をいくらか持っているが、すべての性格を共有しているわけではないし、持っていなければいけないという理由はない。私たちは不思議の国のアリスのように原子の大きさまで縮んで、自分で素粒子がその環境でどうふるまうかを見ることはできない。私たちにできることは、想像力を使って、私たちの人間的な大きさの実験室で見られることすべてを論理的に説明する、筋の通った構図を描く助けにすることだけだ。

両立しない「波（ウェーブ）」と「粒子（パーティクル）」をつなぐべく、電子を記述するための「ウェービクル」という言葉も提案されたが、幸いなことに、このぶかっこうで中身の薄い単語は定着しなかった。もっと鮮やかなイメージもある。私の友人だった故ロルフ・ウィンターは、J・J・トムソンの動物のたとえに触発されて、電子をカモノハシになぞらえた。十八世紀の探検家がオーストラリアからカモノハシの標本を初めて持ち帰ったとき、ヨーロッパ各地の大学にいた学識ある自然学者は、それが他の動物からあちこち持ってきて縫い合わせた捏造だと断言し、「哺乳類は卵を産まないし、爬虫類は子に授乳しない」と言った。「哺乳類であり、かつ爬虫類である動物は存在しえない。だからこれは捏造である」と、自然学者は否定した。しかしそうした自然学者が自分たちの限られた観察結果に基づいて立てていたカテゴリーは、結局、地球の豊富な生物を記述するのには足りなかったのだ。同様に、光子と電子は波のようにふるまえる粒子であり、粒子のようにふるまえる波なのだ。どちらもカモノハシのように、私たちが不十分な先例から導いた区分など知ったことではない。

ウェービクルのような役に立たない新語を考えたり、変わった動物にたとえる以上のところまで進むには、もっと根本にかかわる取扱いが必要だった。アインシュタインは一九〇九年に波動説と粒子説の融合を求めたが、答えは一九二五年の量子力学の誕生まで出てこなかった。しかしその芽生えとなるものは、当の誕生前から上々のスタートを切っていた。

一九一三年、デンマークの物理学者ニールス・ボーア(一八八五〜一九六二)は、原子の内部に関する最初のよくできたモデルを立てた。単純なところから始めるという物理学者の慣れ親しんだ慣習に従って、ボーアは注目する対象を水素に絞った。元素の周期表の先頭にある、最も軽い元素だ。ボーアは太陽系という大胆なたとえに触発され、地球が太陽のまわりを回るように、一個の電子が中心の原子核を回っているように描いた。その軌道は、半径がプランク定数hの倍数に固定されるとびとびのものだけが許される。原子にある電子が、ありうる軌道の階段を飛び上がると(飛

び降りると）、原子から、プランク＝アインシュタインの式 $e = hf$ で与えられるエネルギーをもった光子が吸収される（あるいは放出される）。結果として得られる構図は、まもなく、特殊相対性理論の法則に従うように、また水素よりも複雑な原子でも記述できるように、円軌道だけでなく楕円軌道も含むように改良された。結局、原子の「ボーア・モデル」は科学の中でもよく知られる略図の一つとなった――中心にある黒丸を、三つの電子の軌道を表す三つの楕円が囲むように描かれる、どこにでも見られる原子の絵だ――おそらく周期表では三番の元素、リチウムの原子だろう。

この小さな図像は無数の変化形で再現され、原子を表すものとして世界的に認知され、ハイテク企業のロゴ、政府機関、コンピュータ製品のロゴとしての使用にも流用される。テレビドラマの『ビッグバン★セオリー』の場面の切替えのときにも画面を横切り、世界中で、歯磨きやシンクタンクのロゴマークで、その力を暗示している。このロゴが伝えようとしていることは単純で説得力があるので、高校の教育でも優勢で、一般社会の大多数にとっては原子構造はこういうものという理解となっている。

残念ながら、このイメージは根本的に間違ってもいる。

一九一九年、それが紹介されてわずか六年後、ボーア自身がそれを打ち消さざるをえなくなった。当時でさえ、電子の原子内での挙動についての優勢な理解をちゃんと表していなかったからだ。ボーア・モデルは水素に一個だけある電子の通り道を、水素原子核（陽子とも言われる）を回る軌道として描いている。その結果の構造は、平たいホットケーキのようになる——しかし原子の他の粒子との相互作用を見ることによって実際にわかったことからすると、原子を外から見ると、少なくとも通常の、乱されていない状態では、ホットケーキと言うより、けばけばの綿の球のように見えることになる。

さらに悪いことに、このロゴは電子がその生涯をずっと原子核から軌道半径、つまり「ボーア半径」と呼ばれる長さだけ離れて過ごすように描いている。しかし実験からは、電子が原子の中で検出されるときには、綿の球の表面だけでなく、内部のどこにでも見つかることがわかっている。

ボーア・モデルにある悪名高く許しがたい誤りは、そうした細かい欠点よりも根本的なことだ。このモデルは、くっきりと明瞭な軌跡を想定することによって、電子の波動／粒子の二重性を無視して粒子的なところをひいきしているのだ。ボーア・モデルは、粒子は正確な、連続的軌道をたどり、経路上の各点で明瞭な位置と明瞭な速度を持つとされるニュートン物理学への後戻りだった。原子中の電子について、惑星軌道のように語るのは、この百年、物理学の表現法からは追放されている。

ボーア・モデルは頭に生き生きとしたイメージを引き起こせることによって、心配になるほどにポピュラーサイエンス界の想像力を捉えた。成長がないことをたたえるかのように、百年たっても原子物理学は何も変わっていないような印象を与える。そのような印象を与える基礎科学はほかにない。宇宙論は、宇宙の加速的膨張や、ダークマター、ダークエネルギーという謎の素材など、息もつがせない新しい発見が続いている。天文学も、遠くの天体の明るい色のうっとりするような画像を毎日送り出している。生物学には、脳の構造の理解、ヒトゲノム、理解しがたい進化の産物がある。このどこでも通用する原子のアイコンは古く、駐車場を馬と荷車の絵が表し、空港までの道をライト兄弟の飛行機の漫画で指し示しているようなものだ。

ボーア・モデルは量子力学の発達の中では重要な一歩だったが、もう寿命を終えて使えなくなっている。波動／粒子の二重性が努力をややこしくしているとはいえ、古いアイコンの代わりにもっと良い、二十一世紀にふさわしいものにすることは、私には価値ある課題に思える。もしかすると、二〇二五年の量子力学生誕百年記念に連動して、公募でもすればいいかもしれない。

4・波動関数

物理学は非生物の世界の動き方を説明することを目標としてきた。哲学者は最初、実在する対象の特性を記述した。惑星の夜空のめぐり方、氷のでき方、琴の音というように。簡単には見えない、あるいは測定できないものに関心が移ったとき、物理学者は本物の代わりになる機械的モデルを考案した。ギリシアの原子論者は、連続的な物質を、空虚を動き回る見えない粒子に置き換えた。マックス・プランクは熱いガスの球に無数の極微の振動子を見た。ニールス・ボーアは水素原子について考えたとき、極微の太陽系を想像した。

そのうち、機械的モデルも成り立たなくなった。当然それは捨てられ、もっと抽象的な数理モデルに置き換わった。機械的モデルと比べると、数理モデルは簡素だ。機械的モデルにある肌触りも色も目に見える細部もない——魅力に乏しい——式でできている（ミニチュアの家、模型の帆船、模型の列車の果てしない魅力にはとうていかなわない）。しかし数理モデルは一般性と予測力で、その魅力に欠けたところを埋め合わせる以上のことをする。ニュートンの万有引力の法則は、何世紀にもわたり、自然現象の純然たる数学的な記述の随一の例だった。[1] 何代にもわたる物理学の専門家や愛好家が、見えない粒子や何らかの宇宙的流体の渦が機械的に押すことで重力が「生じる」と「説明する」ことによって、その法則の骨格を肉付けしようとしてきたが、この法則はそうした空しい努力をはねつけてきた。それでも――あの〔註1の式にある〕八つの記号は、その小さな包みに空や地上の果てしなく豊富な情報を圧縮し、内容の読み取り方を知る人々に荷ほどきされるのを待っているのだ。

原子の理論を展開する段になると、伝統的な概念では不十分であることがわかった。原子の外側にある電子の軌道と速さは捉えきれない。原子は粒子の姿をした光の波を出し、電子は粒子のようにふるまう。原子物理学者は伝統を覆した。

波動/粒子の二重性の納得のいく再現ができる機械的モデルはないことを認識した一握りの才覚ある物理学者が、数理モデルに目を転じることによって量子革命の先頭に立った。その目標は、原子物理学の実験が明らかにした奇妙な事実を、根底にある実在を絵に描いたように記述することなく、数学の言語で捉えることだった。それは大胆な指し手で、なかなか呑み込めない同業者も多かったが、量子的現象の数理モデルは見事な果実をつけた。

大きな飛躍は対象をその記述から分離するところにあった。「電子そのものは見ないことにしよう」と、量子力学を考えた人々は戒めた。言葉を尽くしてのこともあったが、たいていは暗黙の了解だった。「電子のようにふるまう仕掛けも想像しないようにしよう。そんなものより、電子が実験室でどうふるまうかを予測する一連の方程式を探そう。計算結果が波に見えなくても、粒子に見えなくても、カモノハシにだって見えなくたってかまわない」。この創始者たちはそれで成果を挙げ、喜んだ。

その決め手となる装置は、エルヴィン・シュレーディンガー（一八八七〜一九六一）が波動関数と呼んだ式だった（英語では、最初は“wave function”という二語の句だったが、ハイフンつきの“wave-function”となり、さらにコンパクトに“wavefunction”という単語になった。これは元のドイツ語〔Wellenfunktion〕に倣っている）。波動関数には特定の量子系の特性がこめられているだけでなく、その系に対して行われる具体的な実験について、本質にかかわる詳細も含まれている。つまり、ただ波動関数があるというのではなく、実験室で準備される実験ごとに別々の波動関数がある。たいていの場合、波動関数を図で表しても、波のようには見えない。量子系が共通に持っている、重ね合わせの可能性、強め合ったり弱め合ったりの干渉といった重要な性質――要するに二つの波が同じ場所を占めることができて、互いに相殺することもできるということ――があると私たちが今なお思っているのはその名称のせいでしかない。

波動関数の数学的形式は、ふつうは非常に複雑で、その点で$E = mc^2$や$e = hf$をはるかに上回る。そういうわけで、本書では実際の波動関数の例は挙げない。だからといって、波動関数について語れないわけではない。音楽を楽しむのに楽譜が読める必要はないのと同じことだ。

水素原子を極微の太陽系と見るボーアのイメージよりもさらに大胆な見立てが波動関数の構築を触発した。古典物理学者にとって、原子物理学の世界でも有数の難問の一つが、原子がとるエネルギーの離散性だった。地球の衛星は地球からの距離がいくらでも公転できるし、位置エネルギーの量も任意にとれるが、原子に閉じ込められる電子は、明確に決まった、とびとびの値のエネルギーしかとれない。この制約はどこから出てくるのだろう。

連続体から離散的な値が魔法のように出現する何よりの例は音楽だ。琴や太鼓や笛のような楽器が生み出すのは、個々の基音に倍音が重なったものであることは、遠い昔から知られている。波が楽器の限られた空間――固定長の弦、円形の太鼓の皮、笛の空洞――に閉じ込められると、ただのノイズしか予想されなかったところに、きれいな音程を伴う音が生み出される。音程は音符の音を伝える音波の振動数に対応し、音楽は異なる振動数を組み合わせることによって作られる。問題はこういうことだ。原子は電子を閉じ込め、笛は振動する空気を閉じ込めているところ以外、原子と笛は似ていない。では、楽器が発する音のよく知られた振動数の離散性が、原子のエネルギーの離散性という謎の説明にどう役立つのか。

もちろん答えは、あの最初のためらいがちな量子論の先駆形となった、プランク＝アインシュタインの関係式 $e = hf$ で表される、エネルギーと振動数の間の根本的な繋がりから見えてくる。量子力学を考えた人々にとっての難問は、値がとびとびの振動数の波を表し、関係式 $e = hf$ を通じて、原子のエネルギー準位に合致する数式を――楽器によって生み出される音波を表すよく知られた数式をヒントに――見つけることだった。そのような式があれば、原子そのものは描かなくても、エネルギー準位について観測可能な階段状の構造は予測できる。エルヴィン・シュレーディンガーが見つけたのは、方程式を立てるための一般的な手順であり、その解が有名な波動関数だった。

量子論は、波動関数を立て、そこから測定可能な結果の予測を引き出す科学と考えることができる。時とともに、そのための精巧な技法が考えられていく。最初は計算尺で、後にはコンピュータで。こうして調べられた系には、個々の素粒子や原子から、まとまった物質、恒星の内部、さらには生まれたばかりの宇宙全体まである。今に至るまで、量子力学は実験による試験すべてに優秀な成績で合格してきた。

量子力学的に取り上げられた最初の系は、原子でも電子でもなく、すべての始まりとなった装置、ほかならぬ調和振動子だった。その数学的記述には質量と、一つに定まって変動しない振動数だけが含まれる（質量を静止状態に引き戻すばねの強さはこの二つの量から導かれるので、それを式に明示的に登場させる必要はない）。予想されるとおり、量子力学が量子力学たるゆえんとも言うべきプランク定数hが計算で要となる役を演じる。それが事物の尺度となっている。考古学者が発掘したばかりの濠の写真の隅に控えめに表示される物差しがその写真の縮尺を表すように。

調和振動子には、理論的なモルモットとして使いやすく、きわめて単純だという利点があったが、二十世紀には、量子力学の効果を示すほど小さい、質量があって伸び縮みする実際の振動子がないという欠点もあった[2]。そのため、この量子力学的計算は、せいぜいのところ水素原子の記述のようなもっと難しい試みの準備運動でしかなく、そうした記述もすぐに出てきて実験結果と一致した。それでも、この機械的振動子でさえ、量子力学が通常のニュートン力学とは著しく違うところをいくつか明らかにする。

プランクのやけっぱちの当て推量、つまり調和振動子のエネルギーが$e = hf$の倍数であるという見当は、ほとんど正しかった。しかしすべてそのとおりというわけではない。意外なことに、許容されるエネルギーの階層構造は、「ゼロ階」からは始まらない。実際の最低のエネルギーは量子一個分の半分であり、許容されるエネルギーはその奇数倍、つまり$e/2$、$3e/2$、$5e/2$……だった。プランクは幸運だった。特定の振動子が放射したり吸収したりするエネルギーの量を決めるのはエネルギー準位の差であって、それは確かにeの倍数になるからだ。プランクが本当に仮定しなければならなかったのは、それだけだった。量子振動子は、たとえば$46.7hf$のエネルギーを放射したり吸収したりすることはできない。商店で四十六・七セントの現金支払いやおつりがやりとりできないのと同じことだ。ただただそれはできないのだ。そして振動子を止めようとして、そこからそのエネルギーをすべて引き出すこともできない〔最低の準位は$e/2$で、そこからはもうeは引けない〕。振動子は落ち着きのない子どものように、ごそごそ動くのをやめることはない。しかしhはごく小さく、振動子が放出できるかぎりのエネルギーをすべて奪われてしまった後に残った振動を検出するのは難しい。それでも、実験で得られる証拠は量子力学の奇異な予測どおりになっている。

波動関数からは、エネルギーの量子化のほかに、重ね合わせも導かれる。古典物理学によれば、物体の位置と速さはつねに明瞭に定まっている。これに対して、振動子でも粒子でも、その波動関数にこめられる位置と速さの値は、同時にいろいろな値の範囲にわたって広がること——重ね合わせ——ができる。私は粒子の位置と速さが広がりうると言ったのではないことに注意していただきたい。正しい言い方は、「波動関数にこめられる〔encoded〕位置と速さは広がりうる」となる。この違いは重要で、後でこのことについてもう少し述べる。

波動関数には地図のようなところもある——ありうる中では最もよくできた地図だ。そこには量子系について言えることすべてがこめられている。ここでは、通常の地図に含まれる情報は、必ずしも紙や地球儀の上の図として表示される必要はないことを言っておくべきだろう。たとえば道路地図帳には、都市間の距離と所要時間が並んだ表が載っていることがある。話を単純にするために、その表にある距離は、実際の自動車道がたどる実際のキロ数ではなく、直線距離だとしてみよう。この表を、アメリカ中にある一万の都市についてのものに拡張してみる。原理的には表から従来型の地図を再構成することは簡単にできる。こうすればよい。紙の中央にセントルイスを置き、ニューヨークを右の端近くに置いて、表で両都市間の距離を調べる。縮尺、つまり何キロが何センチに相当するかもわかる。すると表から両都市とマイアミの距離も求められ、それをセンチに換算できる。三角形の三辺が決まれば三角形は一つに決まるので、マイアミが地図上のどこに位置するかもわかる。他のすべての町について続ければ、地図全体が組み立てられる。天文学者はまた別の方法を使って地図に記録する。何万という星の座標を膨大なカタログに載せる。それを星図や天球儀に載せるかどうかは気にしない。同じデータ集合が、地図や、スプレッドシートや、目録などを使って記録できる。それぞれ別のものに見えるが、多くの点で同等のものだ。同じことで、波動関数に含まれる情報も、式、スプレッドシート、数の一覧、図形に表した画像を使って表示することができる。

実は、振動子についての最初の量子力学的記述は、数学者が行列と呼ぶ表に収まっていた。その行列は波動関数と数学的に同等であることがすぐに証明された。ただ、波動関数の方が行列よりも想像しやすいので、本書ではたいてい、波動関数を使う。

量子力学という難問を相手にするときに人が——プロの物理学者でも——陥りがちなよくある落

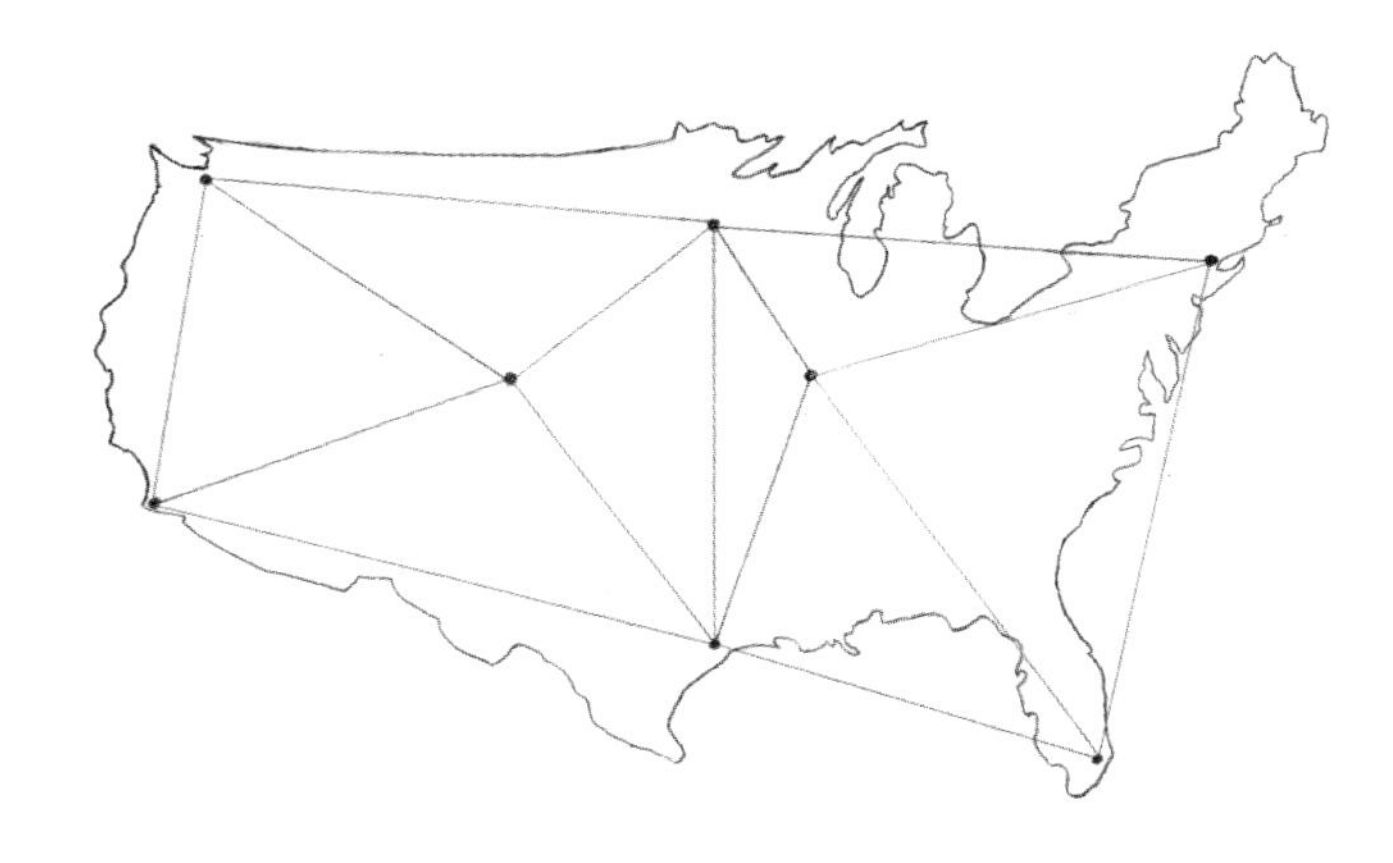

とし穴の一つは、対象とその表象の違いを忘れることだ。哲学者のアルフレッド・コージブスキーはその区別を「地図は土地ではない」という格言にしてわかりやすく表した。この言い回しは、対象の記述は対象そのものと同じではないという当然の事実を簡潔に思い出させてくれる。実在と実在のモデルは違う。家という言葉は本物の建材でできた家ではないのと同じことだ。コージブスキーは、地図と土地が混同されるときに生じる弊害を警告していた。量子力学をそういうふうに見ると、量子力学の奇妙なところのいくつかは自然の側にあるのではなく、波動関数の側にあるのではないかという疑念を呼ぶ。奇妙なのは土地ではなく地図ということではないのか、と。

私たちは子どもの頃、街路地図とそれが表すアスファルトやコンクリートの並びとの関係を調べることによって地図の読み方をおぼえる。静止した小さな二次元画像を見て、そこから目を上げ、大きな、動乱の三次元の世界に転写しようとするとき、逆に眼前の複雑な現実世界の舞台から目を落としてそれを図式的に表した単純な略図を描こうとするとき、頭の中で何が起きるのだろう。地図と土地を見比べる過程は、決してこつがつかめない人もいるほど難しいことだ。カーナビの画面のように動きまで入ると、ますます混乱してしまう人もいる。量子力学にも同様の理解を妨げる壁がつきまとっている。量子の世界では、シュレーディンガーの波動関数は、理論家のパソコン上に作図され、刻々変化する地図のような役をする。それが地図のようなものだとしたら、それが描いているとされるものはいったい何だろう。実際の原子の景観との関係はどういうものだと考えられているのだろう。

5・「物理学で最も美しい実験」

波動関数は、量子系についての情報がこもった数式だ。量子振動子の波動関数は、この小さな機械に蓄えられるエネルギーの値が離散的であることを明らかにする——ふつうの音叉が叩かれる強さによって任意のエネルギー量を保持できるのとは異なる。水素原子の波動関数も、エネルギーが離散的な段、つまりそれぞれの準位に限られることを意味しているが、準位の構成は、振動子の場合よりもずっと複雑だ。[1]

波動関数はエネルギー準位を予測する以外にも、量子系について行われる他の無数の実験による結果も予測する。量子力学という効率的な数学機構には、考えられるどんな実験の設定についても波動関数を立てるためのレシピや、測定結果、観測結果を計算するための指示が入っている。しかしそのような専門的な詳細を処理するのではなく、すべての混乱の元になる謎に戻って波動関数の意味を把握してみよう——電子の波動／粒子の二重性だ。波動関数がこの謎をどう処理したかを見てみよう。

二つの大いに異なる投射体——ライフル銃弾と電子——の物理学者による記述を比べる。

まずは弾丸。話を簡単にするために、重力と空気抵抗は無視する。弾丸が銃身を出ると、弾丸にはもう力はかからないので、ニュートンの運動の法則[2]によって、的に当たるまで一定の速さの直線運動を続けることになる。的は木製としよう。的に当たったとたん、弾を止める力が作用し、やはり運動法則によって、停止するまで減速する。弾は止まった後、あらゆる方向から押されるが、差し引きした正味の力は受けず、静止したままになる——これもニュートンの法則どおりだ。

射撃の正確さは射手とその装備に左右される。伝説の射撃の名手、『アニーよ銃をとれ』のアニー・オークレイは、空中に投げ上げた硬貨を撃って当てることができたと言われる。今日では、レーザー、レンズ、コンピュータなどの精巧でばか高い装備の補助があれば、アマチュアでもアニーに勝てるだろう。古典物理学は射撃の名手にどんな制約もかけない。弾が発射される位置と速さがある範囲内で決められれば、それが当たる位置はそれに対応する範囲内で予測できる。実際はともかく原理的には、その正確さは完璧でありうる。十分に優れた銃、十分な視力の眼、安定した手があれば、アニーは硬貨のどこにでも弾を当てることができただろう。

さて、次は電子の番。これは「電子銃」と呼ばれる装置から発射される。この武器はかつて、アメリカの家庭では狩猟用のライフルよりもありふれた存在だったことをご存じだろうか。電子銃は昔のブラウン管式のテレビには必須の部品で、管の末端に画像が映り、銃はその奥に隠れていた。平らな液晶画面にはこれは使われていないので、最近ではあまり身のまわりでは見なくなった。先と同様、余計な力はすべて無視して、銃から画面までの電子の経路と、それが停止して、目に見えるドットを生み出すところだけを見よう。

量子物理学者には電子を直接追跡することはできず、代わりに電子の波動関数を計算する。そのためには、電子銃の形状に関する詳細と、発射された電子が銃口を出るときの速さを知る必要がある。波動関数を図に表すと、調和振動子や原子中の電子の波動関数とは違い、確かに銃から出てスクリーンまで伝わる波に似ている。石を水中に落としたときにできる波と同じく、波動関数もスクリーンまで進む間に広がる。電子がスクリーンに当たるとき、奇蹟が起きる。波動関数が突如、説明のつかない形で画面の一点に収縮するのだ。当たる直前までは波動関数の値は空間に広がっていた。衝突すると、波動関数の値は電子が当たったことを記す小さな光点以外では、無視できるほど小さくなる。

この現象は「波動関数の収縮」と呼ばれ、波動関数の意味に向かう道を指し示している。その瑕でもあり、それについては次章で取り上げるが、それこそが波動関数の奇妙なところだ。

電子銃が何度も発射されると、それはスクリーンに個々の光点で構成されるあるパターンを描く。このパターンは波動関数の意味を理解するための決め手になる手がかりとなる。電子が届いた印となる光点は、そのパターンの範囲内でランダムな位置にできる。ランダムとは、理由がない――予測できない――ということで、法則がない。このささやかなランダムという言葉が通常の古典力学と量子力学の違いの要を記述している。

もちろん、アニー・オークレイなら驚かなかっただろう。大気の状態、ライフルの癖、自分の鼓動などを補正して、毎回硬貨に当てるが、当たる場所は面のあちこちに分散していた。「それ以上のことはできない」と自分でも思っていたかもしれない。しかし古典的物理学者は、弾丸の経路は望む水準の正確さで予測できると説く――系全体の詳細が必要な正確さでわかっているのであれば。古典物理学では、細かい詳細がわかっていない、あるいはそれを制御しきれないことだけが、統計学的ランダムさを引き起こすのであって、私はこれを「アニー・オークレイのランダムさ」と呼んでいる。実際はともかく、原理的には、古典物理学にランダムさはない。たとえばコイントスは本当にランダムなものと考えられているが、機械でコイントスをすれば結果は予測できるだろう。アニー・オークレイのランダムさは取り除ける――絶対の完璧さではなくても、実行可能な範囲で、望むだけ完全に近づけられる。

電子を撃ったときのランダムさは、これとはまったく違い、避けられない。実験の記述に銃や電子の速さの幅にしかるべき誤差の範囲を組み込んだ後でも、波動関数の広がりによって、避けられないランダムさの元が追加で課せられる。この量子的ランダムさは、量子力学の初期の物理学界にはなかなか受け入れられなかった。アインシュタインはそれで手を打つことはなかった――自身が長い間、見事な成果を上げた経歴の中で物理学について知ったことすべてに反していたのだ。それは間違っている「臭い」がしたし、自身の鋭い科学的直観に裏切られたこともなかったので、アインシュタインは不敵にも、自分も誕生に貢献し、その後驚くべき速さで成果を積み上げ台頭してきていた量子論について抱いた疑念を声にした。その巧みな反論は、アインシュタインが亡くなってからも何年かの間、その誤りを証明しようとする物理学者を手こずらせた。結局、その証明はできた――真のランダムさは確かに存在する――が、アインシュタインを忠実に擁護する現代の何人かの人々はまだ、最後にはやはりアインシュタインは正しかったということになるのを願っている。

量子のランダムさ（本質的あるいは内在的ランダムさとも言われる）は、アリストテレス以来の物理学の土台だった法則——因果律——を破る。すべての結果には原因があると考えられている。原因を特定するのは難しいこともあるが、それでも原因はあることが前提されている。たとえば、アニー・オークレイの弾丸が、硬貨に刻印されたLIBERTYのYではなくLに当たる場合、十分な手間をかければ、その差をもたらす正確な原因を見つけることができるだろう。それに対して電子が従う量子の法則は、この可能性を全面的に否定する。アインシュタインのような古典的な物理学者にとっては、因果律を否定することは、物理学の試みそのものの梯子を外すようなものだった。本書では、QBイズムが物理学を、内在的ランダムさを許容する、もっと弾力のある別の土台の上に立てることを見ていく。

電子銃によってできる光点のパターンは、波動関数の意味の理解へ向かう道を指し示している。当たり方がまったく予測できない、不規則な点の並びになるのなら、いずれスクリーン全体を覆うことになるかもしれない。電子の通り路については私たちは何も知らないのだが、知っていることもある——実際にはかなりのことを知っている。波動関数は、光点が集中する丸い、対称的な的、さらにはその中心から外に進めば密度が減る的を正確に描く。つまり電子銃は私たちに、ランダムさと部分的知識との混合の例を提供している。

そのような混合は、科学ではふつうのことで、絶対に確実な知識や全面的な無知の方が例外だ。たとえば、物理学の測定には必ず誤差の範囲が伴う。日常の生活でさえ、絶対の確定性とまったくのランダムという極端はいずれもめったにない——天気予報や渋滞予測を考えればよい。どちらの

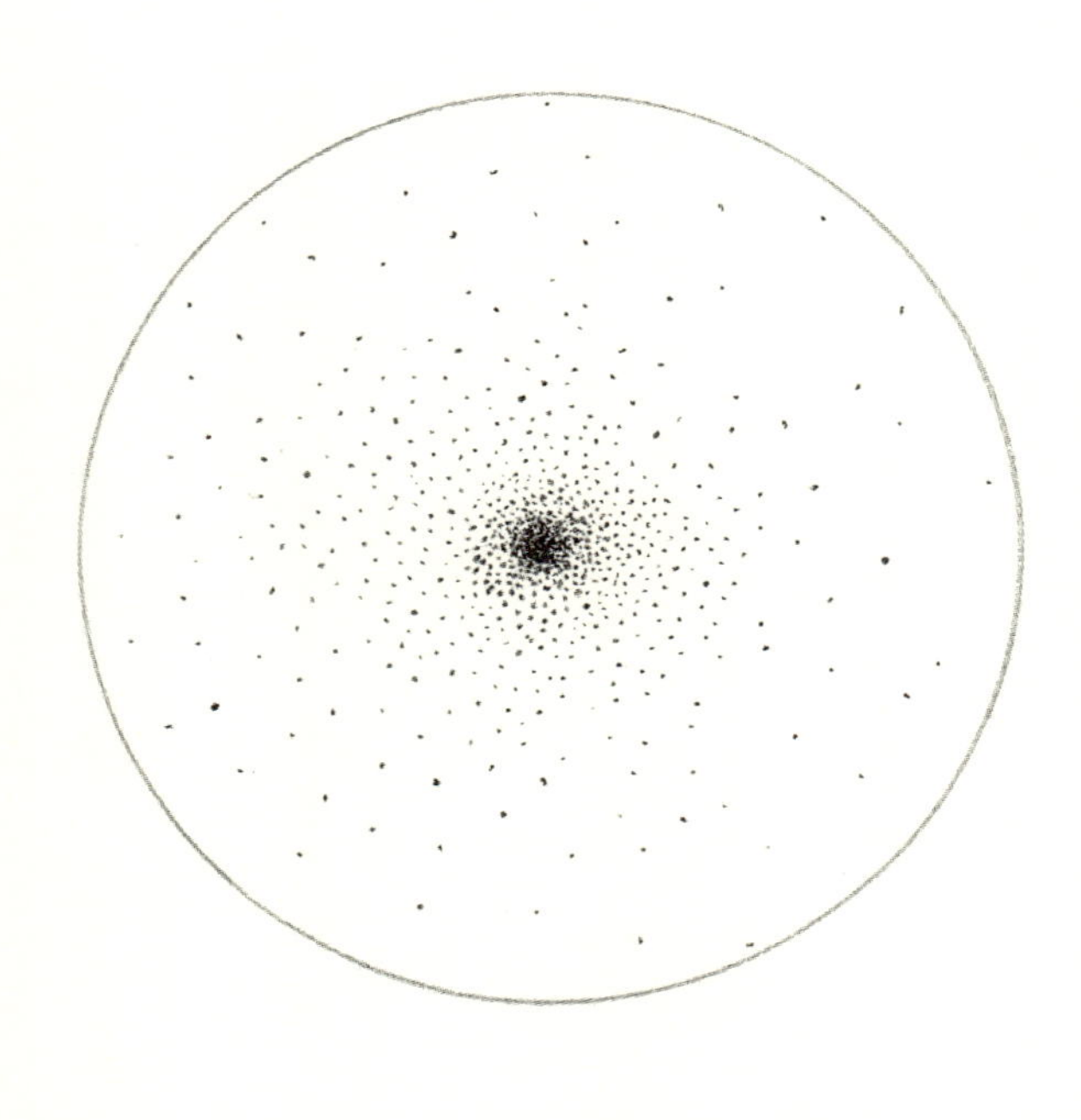

場合でも、私たちは多くのことを予測できるが、詳細のすべてにわたってできるわけではない。こうした状況を相手にする数学の道具は「確率」で、量子力学にとってはプランク定数hと同じく、中心をなす概念だ。とはいえその確率の概念は、驚くほどつきあいにくいものだ。

電子銃の正面でスクリーンを見ていると、波動関数は電子を記述しているのではなく、確率を記述しているのではないかと思えてくる。もう少し細かく言えば、波動関数は、スクリーンに当たる一瞬前に評価された値が、スクリーンのしかじかの点に電子が届く確率を決める。

波動関数を確率と解釈することが、量子力学が物理学にもたらした本当の大変革だった。[3]

私たちは第3章で、光子による二重ス

リット実験が、ランダムさと規則正しさの混合を実地に見せる様子を見た。個々の光子は、二つの別々の波源から出た波の干渉で正確に記述される縞模様の範囲内でランダムに散らばる光点として、写真乾板全体に記録される。

私が物理学を教え始めた最初の年、一九六五年に出版された『ファインマン物理学講義』という記念碑的教科書で、著者のリチャード・ファインマンは量子力学の解説を、光子ではなく、個々の電子で行われる詳細な、ただし仮説的な二重スリット実験で始めた。左側には電子銃があり、中央に極微の二重スリット、右端に蛍光スクリーンがあって、電子がそこに当たると光点が生じる。二〇〇二年、イギリスの雑誌『フィジックス・ワールド』の読者は、この実験を「物理学で最も美しい実験」に選んだ。

この実験の予備的な形のものは、ファインマンの本が出る前から行われていた。しかし、技術が成熟してファインマンの思考実験が実際に行われ、半世紀近く前にファインマンが記述していたのとほぼ同じ結果を出したのは、二〇一三年になってからだった。個々の電子を生成して検出することが難しいだけでなく、スリットの大きさも、実際に作るには、気の遠くなるような話だった。現代版では、スリットはｎｍ（ナノメートル）の規模で（1nm＝10^{-9}m＝10億分の1m＝100万分の1㎜）、家庭で針金と絶縁テープを使ったのではまねることはできない工学のなせる技だ。ランダムに散らばるドットから徐々に縞模様が現れてくるのを示す動画は、量子力学がはたらいているところを見るという、うっとりするような経験となる。[4]

この実験は、波動／粒子の二重性と量子的ランダムさを明らかにするのに加えて、波動関数の広がりを説得力をもって図解している。それぞれのスリットは幅60nmほど。この数字は、電子が旅を始めるときの正確な横方向の位置がわからない程度を表している。他方、検出スクリーンにできる縞模様全体は、端から端まで約300μm（マイクロメートル）になる〔μmは100万分の1m＝1000nm〕。波動関数の二つの部分が重なって干渉するには、スリットからスクリーンまでの道筋でそれぞれ幅が五千倍に広がっていなければならない。波動関数は確かに相当に広がっていく。

この実験について考えるときに陥りやすい間違いがある。レーザーポインタから二重スリットに向けられた光線は広がり、干渉し、縞模様を生む。私たちは頭でつい、電子の流れをレーザー光線に置き換えて、大したこととは思わない。しかし忘れてはいけないのは、電子が一つ一つ装置をくぐり抜けることだ。その流れは微かで、二〇一三年の実験で二重スリットとスクリーンを取り除いて、ただ電子銃を窓の外に向ければ、電子は一列に並んだカルガモの雛のように空気中で前の電子を追いかけるが、二つの電子の間隔は約2000kmにもなる。個々の電子は厳密に独立して動いている。二重スリットは波動関数を二つの干渉する部分に分けるだけで、当の電子を分割するわけではない。そして個々の電子は、道連れの影響から遠く離れていても、禁じられた、誰もいない縞の部分に当たるのは何とかして避ける。まるで見えない力に導かれているように。

現代版の二重スリット実験を行ったチームは、電子の波動関数を、装置の測定結果、誤差範囲などに基づいて注意深く計算した。この写実的な計算は、ファインマンの教科書にあるような理想化され、単純化された計算よりもはるかに複雑で面倒になる。物理学者チームは、スクリーン上の何千何万の電子の位置を測定した後、結果——干渉による縞模様をなす以外はランダムな光点——を量子力学の計算結果と比較する。チームの簡単明瞭な結語が、そのヘラクレス的な努力に報いている。「われわれはまさしく量子力学が予測するものを見ている」。

ファインマンは二重スリットの謎を量子力学の「唯一の謎」と呼んだ。それは少々誇張されている。すぐ後で見るように、「ただの」波の干渉としては説明できない量子効果はこれ以外にもいくつかあるからだ。それでも、ただ優れた物理学者であるだけでなく、学生を触発する名教師でもあったファインマンは、電子の二重スリット実験を、現場の量子力学の雛形となる例として神殿に安置したのだった。

6・ここで奇蹟が起きる

それぞれは孤立した電子がスクリーンに徐々に縞模様を描くのを見てまごつくとすれば、その電子の波動関数が収縮すると言われると、さらに当惑してしまう。そのわけを理解するのにも、ライフル銃と電子銃の比較が役に立つ。ある時点では、弾はなめらかに一定の速さで飛んでいるが、次の瞬間、標的に当たり、突然止まる。同様に、電子の波動関数は量子力学の規則に従って前方に広がり、スクリーンの上に光点が現れるときに、突然、性格を変える。二つの筋書きには似たところもあるが、見るからに違っているようには見えなくてもやはり大きな違いがある。ライフルを撃つ前、撃っているとき、撃った後、弾はニュートンの運動の法則に従うのをやめることはない。

波動関数はそれほど従順ではない。電子がスクリーンに当たる前は、波動関数が時間の中で進展し、静かな湖面の波のように、なめらかに広がる。量子力学の運動法則は、その展開をきちんと予測する。それによって電子がある特定の位置に見つかる確率は、空間の急速に拡張する領域に広がる。しかし電子がスクリーンで止まるときには、その記述——地図——は瞬間的に、根本から性格を変える。波動関数は、確率が、電子がどこに位置するかの（ほとんど）確定した知識に変わるときに収縮する。収縮の過程はいかなる法則にも従っていない。それはただそうなるだけだ。九十年前に量子力学が生まれて以来、論争の的だったのは、まさしくそれがなぜ、どのようにそうなるかということだった。

量子力学を考えた人々は、波動／粒子の謎の答えを探す中で妥協せざるをえなくなった。波動関数を確率解釈こみで導入することによって、量子力学者は波のようなふるまいと粒子のようなふるまいを統一することには成功した――しかしその代償も払わなければならなかった。ニュートンからアインシュタインに至る古典物理学者の思考にしっかりと収まっていた概念、つまり、物質粒子に対する一義的な運動法則があるという確信を捨てなければならなかったのだ。結局、電子の波動関数は、弾丸が従うような一つの不変の運動法則には従わない。そのかわりに波動関数は二つの根本的に別の法則に従う。

1. 電子が観測されないままでいるかぎり、その波動関数はなめらかに、連続的に、予測できる形で展開する。それは飛んでいる弾丸や湖面の波のように定まった数学的法則に従う。
2. 電子がスクリーンに光点を残すことで居場所を明らかにすると、波動関数は突然、新しい、当たった地点に集中した、もっと稠密な形に「収縮」する。

無類の科学漫画家シドニー・ハリスは「奇蹟」（"miracle"）と題した漫画でこの状況をさりげない

"I THINK YOU SHOULD BE MORE EXPLICIT HERE IN STEP TWO."

「この第２段階をもっと明確にしないと」。

一言で申し分なく捉えている。二人の物理学者が量子力学について話しているところの想像がおもしろい。

波動関数の収縮は空間での「崩壊」であるだけでなく、もっと一般的に確率から確定への変化でもある。量子的粒子の位置だけでなく、エネルギー、速さ、運動の方向など、古典物理学では一義的に決まる明瞭な値を持つ多くの属性が、観測が行われて一個の値がまぎれなく選ばれるまでは、波動関数でいろいろな可能性に広がることができる。波動関数は、たとえば電線の中を同時に互いに逆方向に流れる電流、異なる幾何学的構造の分子、崩壊しているし崩壊していない放射性原子核を記述する――ただし、起こりうるすべてのことのうち、実際に起きたのは何かと問われ、答えられるまでは。

科学では奇蹟の出番があるとは考えられていない。しかし、世界は私たちに、理解できないほど豊富な事物――果てしない無知の海――を提示する。そもそも科学的思考にときどき奇蹟が入り込むのは、本当に驚くべきことなのだろうか。ただ、私たちがそれを奇蹟と呼んでいないだけなのではないか。ニュートンの重力の法則はその例として申し分ない。

手にリンゴを持ち、手を放す。リンゴは地面に落ちる。なぜだろう。リンゴがただそこにとどまる方が自然ではないのか。宇宙空間に浮かぶ宇宙飛行士がそうすれば、まさしくそうなる――リンゴは目の前に浮かんだままで、手を放したその場にとどまる。しかし地球上ではリンゴは落下する。

ニュートンは地球が「重力」という謎の力を及ぼして、それがリンゴを引き寄せ、地面の方へ否応なく引き下ろすと説明した。その見えない触手は何だろう。それは実在か、それとも架空のものか。それは何でできているのか。どうすれば私たちは、その性質を明らかにすべく、操作したり、ことによってはスイッチを切ったりできるか。

ニュートンはその法則を一般化し、リンゴも地球も含めたすべての物体が互いにこの引力を及ぼすと説くことによって、さらに謎を広げた。それが月を軌道にとどめ、地球を太陽のまわりを回らせ、私が宇宙空間にふらふらとさまよって行かないようにしている。「万有引力」と呼ばれるようになったそれは、「遠隔作用」の第一の例だ。

しかし遠隔作用はまったく理屈に合わない。日常の経験からは、力が伝わるのは接触していればこそではないかと思われる。椅子を動かしたければそれに触れなければならない。直接手で触れるのであれ、棒やロープなどを使って間接的に触れるのであれ。投げられた野球のボールにバットで触れると向きが逆転する。触れたときであって、前や後ではない。分子が動きを直近の分子に伝えて振るわせると、一種の連鎖反応となって音や熱が伝わる。光子が光や電波を発信源から受け手に運ぶ。微視的な規模では、手やバットで押したりするようないわゆる接触力でさえ、つまるところは一点から隣の一点に乱れを伝える電場と磁場によってなかだちされる。相互作用する物体間では普遍的に必要とされる接近なしで成り立つのは遠隔作用しかない。それは「自然法則」の仮面をかぶった奇蹟だ。

自分が宇宙に及ぼす作用を考えよう。ニュートンによれば、人が一歩踏み出すことによって体を動かすときには、宇宙にあるすべての原子、地球にあるすべての人、すべての惑星、すべての恒星が、どれほど遠くにあっても、体を動かした瞬間に、それぞれにかかる重力の変化を受ける。まるで遠くの物体がこちらの体がしていることに、その瞬間に、何でつながれているわけでもないのに反応するかのように。

もちろんニュートンは自身の法則に無理があることを理解していた。万有引力が偉大な自然法則として祭り上げられてから何年か後、重力が遠隔作用に見えることについて疑問を抱いた文通相手への手紙に、ニュートンはこう書いた。

生命のない「物質」が、他の物質的でない何かによる「媒介」がなくても、互いに「接触」することなしに他のものに作用し、影響を及ぼすとは考えられません。……重力は「物質」に本来備わり、内在的で必須であって、一方の物体が別の物体に遠隔的に「真空」を〔通して〕、作用や力が一方から他方へ伝わる他のものの「媒介」なしに、作用するということは、私にとって大いに不条理〔強調は付加〕で、私は哲学的なことに有能な思考能力を有する人でそんな考えには陥る人がいるとは信じられません。重力はつねに一定法則に従って動くある「主体（エージェント）」によって生じなければなりませんが、この主体が物質的なものであるか、非物質的なものであるかは、私は読者の考えに委ねています。[1]

ニュートンは物理学に対する自身の最大の貢献を、「不条理」と言っているのだ。ニュートンがそれを生み出したのは一六六六年、二十四歳のときだった。その時期はニュートンの奇蹟の年（アンヌス・ミラビリス）と呼ばれているが、それは遠隔作用が奇蹟だったからではなく、その年、奇蹟的な創造性の発露があって、微積分を考案したり日光を虹の色の成分に分解したりもしたからだ。

ニュートンは、それを唱えて四半世紀後、不合理であることを理由に遠隔作用を否定するのではなく、それが有効であるために擁護したが、結局は理解できないことを認めている。そこで明らかにされたのは重力がどんな法則によって作用するかであって、重力とは何かではなかった。信仰篤いニュートンは、個人的には重力の作用を神によるとしていたが、賢明にも読者がそれぞれの結論を引き出すに任せた。この奇蹟を簡潔な数学的な言葉で記述したが、それを説明することはできなかったのだ。

それでも重力の法則は、一六六六年から、アルバート・アインシュタインが重力の本当の正体を発見した一九一六年まで、二百五十年にわたって対抗するものなく君臨していた。確かに、その間に重力を複雑な機械的モデルで説明しようとする試みは無数にあったが、実験や数学による検証に耐えられるものはなかった。この二百五十年の間に、物理学者はニュートンの万有引力の法則を用いてこの世界を説明し、潮の満ち引き、地球が少し扁平になっていること、いつ日蝕が起きるか、彗星の再来などについて驚異の予測をした。この不条理な法則のあまりの成功は、その形式は磁力や電気力など、重力と無関係な他の多くの現象を数学的に処理するときにもまねされるほどだった。

アインシュタインが遠隔作用に反対したのは、それが良識に反するからだけではなく、もっと重要なことに、特殊相対性理論に反するからでもあった。アインシュタインは自身の奇蹟の年となった一九〇五年、いかなる物体、信号、情報も光速を上回る速さで進むことはできないことを唱えていた。ところが遠隔作用は空虚を無限大の速さで伝わることになる——相対性理論ではありえないことだった。そこでアインシュタインは自身の重力理論を考え、それを「一般相対性」と呼んだ。一般相対性理論は、空間そのものが重力を一点からその近傍の点に伝える媒体としてふるまうことを示すことによって、遠隔作用に取って代わった。そのような過程——遠隔作用の逆——は近接作用と呼ばれる。空間の一点に位置する作用はその直近の、局所的近傍にある点だけに作用して、距離を置いた点には作用しないからだ。この見方では、一歩進むと人の体のまわりの空間はそれとはわからないほどわずかに歪んでいて、その乱れが、隣へ隣へと、地球から遠いところまで、太陽系、銀河、宇宙全体へと光の速さで伝わる。重力の奇蹟は二百五十年を経てとうとう、もっと複雑だが同時にもっと明確なものに置き換わった。

ニュートンの敬うべき旧理論は近似の地位に引き下げられた。もちろん非常に有効な近似だが、根本的な意味はない概念になった。物理学者は、固体、液体、気体を、物質は実際には原子で構成されることを承知のうえで近似的に連続したものとするが、それと同じようにニュートン力学を用いる。

量子の波動関数の収縮は一瞬にしていくらでも長い距離にわたるもので、やはり遠隔作用であって、ニュートンの重力と同様、理解しにくいことだ。しかしニュートンの法則がそうだったように、波動関数の収縮は、その値打ちを説得力をもって示すことによって、科学の正統派の地位に進んだ。物理学者の大多数は量子力学——重ね合わせ、確率、波動関数の収縮などのいっさい——を証明された事実として認めている。「自然はそういうふうにふるまうのだ」と物理学者は考え、計算や観測結果と折り合いをつける。増えつつあるとはいえ少数の物理学者だけが、標準的な表し方で意味される哲学的難問をまともに取り上げ、それを解決しようとする。そうした不屈の精神の持ち主の主要な目標の一つは、量子のレシピの第二段階、物理学者を確率から確定への説明のつかない飛躍へ引き込む、波動関数の収縮のところをもっと明確にすることだ。

7・量子の不確定性

ヴェルナー・ハイゼンベルクの不確定性原理は、アインシュタインの$E = mc^2$やシュレーディンガーの猫なみに有名な大衆文化のミーム〔遺伝子のように形を変えながら流布する話題／素材〕になっている。「ハイゼンベルク、ここに眠るかもしれない〔し、眠っていないかもしれない――という「不確定」のギャグ〕」というバンパーステッカーやら、テレビドラマの『ブレイキング・バッド』の主人公で、ジキル博士とハイド氏の現代版のような人物、ウォルター・ホワイトは別名を「ハイゼンベルク」といい、この名は量子物理学がかつての確実さを崩してしまったという考え方をふまえている。しかしその原理を、「すべては不確かである」という説と解釈するのは上辺だけを見た誤解だ。その流布した誤解よりも重大なことは、ハイゼンベルク自身が陥った誤りだった。ハイゼンベルクの名がついたこの原理は、波動関数から導かれる数学の定理で、これは鉄壁でゆるぎない。その原理は、粒子の位置と速度を同時に特定しつくすことはできないことを述べる。もっと正確に言うと、位置が特定されると、速度は不確かになる――逆もまた言える。エネルギーと時間幅など、精度が同様の裏表の関係にある対がほかにもある。しかしハイゼンベルク本人による、この定理の深い意味についての解説は間違っていた。

ハイゼンベルクの定理は鋭利な刃物ではなく、詳細な計算に登場することはめったにないが、概略規則としては有効に使える。原子による系の特性を、完全な理論がもっと信頼できる答えを出す前に、手早くおおまかに見積もれるようにする。不確定性原理は、たとえば量子振動子のエネルギーのはしご段でいちばん下の段を理解する助けになる。間違って、最下段のエネルギーをぴったりゼロだと仮定すると、その小さな質量の速さと位置の両方を知ることになる——どちらもちょうどゼロであると。質量は静止し、ばねは弛緩してしまう。そうなるとするのは不確定性原理に反するので、これは間違っているにちがいない。振動子が量子力学の法則に従うものなら、その質量は少し揺れていなければならず、位置と速さは変化し、ある範囲内の不確定性が生じる。不確定性原理に基づいてざっと進めた論証は、量子調和振動子の最小エネルギーはゼロではなく、$e = hf/2$ であることを正しく示す。残念ながらこの推定は、もっと手をかけて、実際の波動関数を念入りに計算して確かめられるまでは信用できない。

不確定性原理は、すべての弾丸、すべてのゴルフボールに正確な位置、速さ、運動の方向を与える古典力学の根本そのものと真正面からぶつかるので、ハイゼンベルクは自分の定理の背後にある物理を説明にかかった。この行動は、ハイゼンベルクにとっては実はいささか異例のことだった——自身はたいてい、写実的で直観的なアリストテレス的論証よりも、抽象的で数学的なプラトン的な考え方のほうを好んでいたのだ。それでも、ハイゼンベルクはその原理を、自身も含めた何世代かの物理学者が納得しそうな、通常の実践的な言語で解説しにかかった。しかし結局、原理そのものは正しいとしても、ハイゼンベルクの論証は間違っていた。

ハイゼンベルクは量子の不確定性の由来を、測定が測定される対象に及ぼす影響に求めた。この考え方を解説するために、「ハイゼンベルクの顕微鏡」という巧妙な仮説の実験を考案した。そこではまず「飛んでいる電子を考えよう」と言われる。それが正確にどこにあるかを明らかにするには、位置に関する情報を得るために、それを捕まえるか、あるいは触るか、光を、少なくとも一個の光子を電子に当てるかしなければならない。その光子は電子に当たって少し動かす——速さか方向か、またはその両方が少し変わる。すると、向きを変えた光子はある特定の時刻の電子の位置を特定する助けにはなるが、電子の速度を変える。この架空の実験の詳細を注意深くたどることによって、ハイゼンベルクは——出だしでいくつか間違った上で——この不確定性原理についてのもっともに思われる物理学的解説を組み立てることができた。

そうして喚起していたのは「観測者効果」と呼ばれるべき、実際に存在し、理解しやすくもある現象だった。観測が観測される対象に及ぼす影響の例を見るには量子力学は必要ない。化学者は、室温の水銀温度計を少量のお湯に差せば、水温が下がることをよく知っている。法律家は自分たちの質問のしかたが答えに影響することを知っている。文化人類学者は、自分が記述しようとしている文化に対する自分の調査の影響を最小限にしようと注意を払う。最悪の場合、観測が対象を破壊することさえありうる——検視の際の解剖は死因を明らかにするかもしれないが、遺体は損壊する。

ハイゼンベルクがその原理を発表してから九十年経って、物理学者の間には、不確定性原理が物理的測定の対象を変える作用にも、測定器具の精度にもよらないという認識が徐々に育ってきた。

実際には、その原理はもっと深く、「波動関数」という言葉がつねに思い出させる、物質の波としての性質に由来する。古典的な波でさえ、持続時間と振動数に固有の反比例関係を示す。海面に波の連なりで構成される乱れがあることを想像しよう。それに山と谷を繰り返す何周期かがあれば、時間を計って振動数を求めることができる。波の列全体が空間と時間の両方に広がっている。つまり持続時間は長い。他方、波が一個の膨らみでできていると、その長さと持続時間はもっと短いこともあるが、振動数を明瞭に決定することはできない。決定のためには少なくともまるごと一周期が必要だからだ。せいぜい、その孤立波の山を、いろいろな振動数の多くの波が入り交じって、そのすべてが集まってたまたま盛り上がりの山になったものと見ることができるだけだ。古典的な波では、波の持続時間が長ければ振動数の幅は小さくなる、あるいはその逆という相反する関係が成り立つ。

この反比例関係は水面波だけでなく音波にも成り立ち、その作用はオーケストラのコンサートで聴き取ることができる。オーボエが夕方の音合わせで吹き始める長いAの音は、一個の明瞭に定まった音の高さ、つまり振動数を持っているが、シンバルを叩いた一秒の何分の一しか続かない音には識別できる音の高さがない。実際、打楽器用の楽譜には、音の高さを示さない特殊な表記が用いられている――打撃音の高さは定まらないからだ。しかしそのタイミングは聞き間違いようがない。

持続時間と振動数にある古典的な相反する関係は、プランク＝アインシュタインの式 $e = hf$ によって、不安定な粒子のような量子系の寿命とエネルギーに成り立つハイゼンベルクの不確定性の関係に変換される。ここでも、波動関数の導出の場合と同様、プランク定数が古典物理学と量子物理学の間のつなぎ目となっている。

不確定性原理を最も強調して表すのが二重スリット実験だ。この実験は、波長と「どちらの経路か」の情報、つまり、「粒子は二つのスリットのうち実際にはどちらを通ったか」の問いに対する答えとの間の不確定性を示している。波長は装置の寸法と干渉縞のパターンから簡単に導ける。[1] どちらを通るかを知るのはそう簡単ではなく、結局は芸のないことをするしかない。つまり一方のスリットを覆えば、もう一つのスリットを通ったことがわかるということだ。しかしそうすることによって、干渉縞も、それとともに波長の根拠も消える（もちろんそうなる。干渉縞は二つの波の干渉によって生まれるのだ）。この例では、どちらのスリットかの情報の測定は、対象を甚だしく変えてしまう。それは一方の経路をいっさい消してしまうのだ。そこで不確定性も両極に分かれ、波長かどちらの経路かのいずれかははっきりと決めることはできるが、両方同時にはできない。

ハイゼンベルクの原理の理解が深まる間も、新しい技術は個々の素粒子を操作する新しい方法を唱え、昔の架空の実験を実際の観測に換えつつあった――ファインマンの美しい実験についてもそうだった。現代の精巧な装置は二重スリットの不確定性を、かつてのオール・オア・ナッシング型だけでなく、波長の近似的な知り方と経路の確率的な知り方についても分析できるようにした。それだけではない。二十世紀が終わるまでには、この古めかしい実験の新たな具体化がハイゼンベルクの間違いを明示的に示すようになった。量子の不確定性は確かに観測者効果ではなかったのだ。

その巧妙な新機軸は、「どちらの経路か」を観測するための「観測用の仕組み」を安全な距離を置いて分離することだった。この場合、その仕組みは粒子――この場合は光子――と直接に相互作用できない。[2] それぞれの光子は二重スリットから出てくるとすぐに、特別なクリスタルに送られ、そこでは自然発生的に同一の（あるいは相補的な）特性をもった二つの新たな粒子が生成される。その二つは異なる方向へ、異なる任務に送り出される。一つは「信号」と呼ばれ、いつものように徐々に現れる干渉縞（あるいはそれが現れないこと）に寄与し、他方は目撃者の役をする。各信号光子はそれぞれに一つだけの目撃者光子と結びついている。

目撃者は目的地に、元の光子が二重スリットを通過した後に達する。そのためこの実験は「遅延選択実験」と呼ばれる。目撃者は通常の光学の技を使って、元の光子がどちらのスリットから来たか、あるいはそれが二つのスリットから、それがとった経路を明かさずに出てきたか、いずれかを明らかにするよう尋問される。

この設定で、信号検出装置は広い範囲を探して無数の光子を検出する。検出される信号光子それぞれが、旧式の二重スリット実験のスクリーンにできる光点に対応する。そうなって初めて各信号光子は目撃される。次に、実験する側が選択に臨む。まず、回収されるデータすべてから、目撃証言によって、どちらのスリットかの情報はない光子信号だけを選ぶ。信号検出装置の位置――スクリーン上の光点――をグラフにすると、予想どおり干渉縞模様ができる。実はこの実験は、一八〇三年のトマス・ヤングの実験を再現している。次に、逆に「どちらのスリットか」問題に答えられる信号光子だけを選び、その位置だけを記録すると、縞模様は現れない。しかしどちらのスリットもどちらの実験のときも開いたままだった。

結果から言えることは明らかだ。目撃者検出装置は時間と空間で遠く離れていて、スリットで起きることに物理的な影響を直接及ぼせないところで動作する。干渉縞の消失は、スリットが覆われたときのような、信号がたどった経路の観察への機械的な応答ではない。要するに不確定性原理は観測者の作用ではないのだ。

不確定性原理の解釈がハイゼンベルクの顕微鏡から、波動関数の基本的で一般的な性質へと進んだことは、量子力学の歴史での別の展開に似ている。プランクの光を出す物質についての機械的モデルは、波動/粒子の二重性と、波動関数によるその解決をもたらした。純然たる数学的波動関数とそれを確率で考えることが、ボーアによる水素の機械的モデルに取って代わった。しかしどちらの場合も、機械的で視覚化できる記述は不適切で、数学的・抽象的説明がそれに代わった。

抽象化は成熟のしるしだ。子どもたちは硬貨を操作することでお金について学び始めるが、後にその理解は広げられ、コスト、価格、クレジットのような抽象的概念を含むようになる。社会全体では、正義の概念が、原始的で個人的な「眼には眼を」原理から、抽象的法則による精巧なシステムへと進展した。物理学では、成熟とは触知できる機械的モデルから離れて数学的抽象概念（ラテン語の「abstrahere」、～から離れる）に至ることとされる。事物は具体的だが思考は抽象的だ。しかし抽象は複雑性とごっちゃにしてはいけない。抽象的な概念だからといって、複雑である必要はない。

8・最も単純な波動関数

人間のたいていの営みでは、それが科学であろうと、「最初は単純に」というのは優れた助言だ。ニールス・ボーアはまず水素で始めてから、もっと複雑な原子へと向かった。量子力学は単純な調和振動子で腕を磨いた。そこで、ありうる中で最も単純な波動関数を考えてみよう――数式で表したものではなく、視覚的記号で表すことにする。この練習問題は波動関数の四つの基本的性質――重ね合わせ、確率、離散性、収縮――を描き出す。おまけとして、後でＱＢイズムの意味を探るときにも使える。

原子は、どんなに単純なものでも、驚くほど込み入った構造物なので、それを見る代わりに、本当に素粒子と言える、切り分けられない粒子を見ることにしよう。本書でもお目にかかった、光子と電子という二種だ。光子は単純な言葉での記述から逃れる。真空ではつねに光速で閃きまわっていて、止めて細かく調べることができない。何らかの形で探知されると、エネルギーを放出して消える。その幽霊のような特質を記述するために、物理学者は波動関数や通常の量子力学の言語の先まで手を伸ばさなければならない。逆に電子は、ビー玉なみに容易に減速させたり止めたり、蓄えたり、調べたり、操作したりできるので、こちらの方が日常的な直観にも扱いやすくなる。さらに、それは私たちの体を含めた物質の必須の成分であるだけでなく、エネルギーを運び（電線の中で）、情報を運ぶ（コンピュータの中で）ものとして、私たちの生活を動かし、整えている。電子という強力な小粒は、見えないミクロの世界についての私たちの考え方を集中するための適切な媒体となる。

電子の記述には、位置、速度、質量あるいは重さ、電荷が入っている。さらに、電子にはほかに二つの関連する特性がある。一つは軸を中心とする自転、スピンと呼ばれるものであり、もう一つは磁気だ。[1] 電子は小さい棒磁石、あるいは超小型方位磁針のようにふるまう。磁気の強さは正確に測定されていて、変動しない。量子力学は、十億分の一という気の遠くなるような精度でその強さを正しく予測する（これは親指の幅とニューヨークからハワイまでの距離の比とだいたい同じ）。

電子の属性リストは、たとえば電荷を持ったプラスチック製の球形の粒にも当てはまる。そのような小さな球が自転する場合、それは小さな棒磁石が回転するということでもある。そこで電子をごく小さな地球のように考えたくなる。むしろ地球より単純だ。電子は完全な球形だし、さらに二つの軸、自転軸と磁極の軸が一致するからだ（地球とは違い、磁北極と磁南極は地理的な北極と南極に一致する）。しかし量子力学はただの小さい物の古典力学なのではない。電子を注意深く調べると、私たちはそんな単純な世界から異質な次元に引き入れられることになる。

先に挙げた電子の特性リストに質量はあっても大きさがないことに気づいただろうか。では電子はどれほど大きいのだろう。あるいはどれほど小さいのか。意外なことに、どれほど複雑でどれほど高価な測定装置をもってしても、電子の大きさは明らかになっていない。もっとはっきり言えば、理論家が方程式に微小な電子の仮想の半径を持ち込むと、磁場の強さなどについてなど、多くの当たる予測が狂ってしまう。電子の半径をゼロと前提してこそ、実験結果について一貫して見事に正確な予測が出せる。私たちが知るかぎり、電子は点粒子だ。もちろん、いつか電子には部分構造も半径もあったということになり、現行の理論は手直しが必要になるかもしれない——ただ、今のところはそれもただの憶測でしかない。そこで今わかっていることに乗ることにして、粒子には大きさがまったくないと想像してみよう。

困ったことに、点粒子は回転できない。点は円を描いて旋回することはできるが、軸を中心に自転する点という概念は意味をなさない。自転するとはその物体のあちらとこちらが逆方向に動くということなので、部分のない点はスピンできない。野球のボールやアイススケートをする人はスピンができるが、点には実体がなさすぎてそれはできない。電子を電荷を持ったスピンする球とする機械的モデルは成り立たない。スピンという言葉からして、ボーアの水素原子モデルと同じく、年代物の間違った概念の化石だ。残念ながら、私たちは電子にはスピンと磁気があるが大きさはないという矛盾した結論をまだ引きずっている。

私たちの日常的な規模の世界の概念を、量子による極微の世界に当てはめようとすると、波動／粒子の二重性を発見したときに陥ったトラブルにまた陥ってしまう。いくらかでも心の平安を取り戻すには、想像力の世界へさらに深く入らなければならない。たぶん、『不思議の国のアリス』のチェシャ猫との出会いが参考になるだろう。猫の体がだんだん微かになって最後に消えるとき、猫はにやにや笑い（グリン）以外は何も残さず、アリスは、にやにや笑いのない猫はよく見るけど、猫のないにやにや笑いは見たことないという感想を抱くことになる。遠目には電子は回転する球に見えて、それがどんどん小さくなって消え、スピン以外のものは残さない。

スピンのわかりにくさはそれだけではない。電子のスピンは球のスピンとは違い、加速も減速もできない。それには、どこにでも顔を出すプランクの定数hの値で決まる、一定の大きさがある。電子に組み込まれた磁針（したがって自転軸）がどちらを向いているかを求めるために、冷蔵庫に貼りつけるマグネットのN極の近くに持ってくることができる。放っておかれると、電子はしかるべき向きになって、S極が冷蔵庫の磁石の方を向き、N極は反対側を向く。電子を半回転させて逆方向を向かせることはできるが、そのためには少々のエネルギーを使わなければならない——磁石の針を手で押して回すときのように。

強さと方向を勝手に変えられる通常の棒磁石とは違い、電子の磁気は大きさが一定で、方向も限られている。とくに、電子のスピン（したがって磁気）が測定されるときは、得られる値は二種類だけだ。スピンを測定するのに使うすべての装置には固定的な外部磁場があって、任意に選ばれる参照軸となる方向を提供している。奇妙なことに、電子のスピンは必ず参照軸の方向にそろうか逆向きかのいずれかになる。参照軸の向きを変えても、それに垂直になるとか四十五度の角度をなすといったことにはならない。電子の磁気は小さな矢印で表されることが多く、これでスピンも表す。鉛直方向の磁場にある電子のスピンの向きが測定されると、上向き（アップ）↑か下向き（ダウン）↓いずれかで、鉛直方向に対して角度をなすことはない。同様に、基準となる場がx軸に沿う水平方向に広がっていると、電子は右向き→か左向き←いずれかだけになる。球ならスピンの向きは無限にありうるが、電子には二つだけ。そのような向きの範囲に対する制約は、調和振動子や原子のエネルギーに対する制約のようなものであり、笛の音の高さにかかる制約に似ている。

スピンも、原子の世界を記述する他の変数と同様、不確定性原理に従い、同時に二種類の情報は得られない。たとえば、スピンが上向き↑の電子を用意して、後で水平のx軸方向のスピンを測定したら、結果はランダムに左向き←か右向き→になる。逆に、電子のスピンが右向き→であることがわかったら、その後で鉛直方向に測定すると、ランダムに上向き↑か下向き↓に分かれる。

私たちはいきなり量子力学のワンダーランドのまんなかに下り立ってしまった。特異な法則を持つスピンは、ファインマンが「量子力学の唯一の謎」と呼んだ二重スリット実験とはまた別の量子的現象だが、こちらも謎にはちがいない。

どんな実験でもそれにかかわる電子の波動関数には二つの部分がある。「外面」部分は空間——原子の内部、あるいは電子銃から画面まで、あるいは二重スリットを通るときの空間——での運動が相手で、これまで取り上げた部分だ。加えて、「内在」部分があって、これはスピンだけを相手にする。波動関数全体のこの二つの成分は、計算ではからみ合うことも多いが、ここでの目的のためには両者を切り離し、空間波動関数は無視して、スピンを記述する部分だけを考えよう。それによって私たちは、最も単純な波動関数という目的地に達する。

三次元空間全体に広がることもあり、電子が見つかるかもしれない場所に対応して無限の範囲にわたる値をとる通常の波動関数とは違い、スピンの波動関数は現実の空間の中には位置を占めていない。ひたすら抽象的で、純然たる量子力学的構築物であり、日常の世界に対応するものがまったくないスピン波動関数の考案は、量子力学の初期の歴史の中でも革命的な出来事の一つとなった。これはすべての電子には隠れた状態が二つあることを意味した。磁場、あるいはその回転運動が観測されたときにのみ現れる、双極性の人格のようなものだ。それ以外では、電子の二通りの性格は、私たちが暮らす空間とは無関係な異質の次元の中に隠れたままでいる。

電子のスピンは量子世界を覗く鍵穴だ。この世界を私たちが認識できないのは、その特色が小さすぎるからではなく、その一部が直接の感覚ではなく想像力でのみ扱えるからだ。大衆文化の一部ともなって無数に引用されるアインシュタインの言葉の中でも元気が出る方のものに「神はわかりにくいが、意地悪ではない」がある。[2] 神はともかく、この感想が言っているのは、自然の秘密は奥底に隠されていて、それを明るみに出すのは難しいが、最終的には理性と想像力で扱えるということだ。自然が私たちに逆説に見えるものを提示するとき、親切にもその解決のための手がかりを耳元で囁いていることが多い。電子のスピンはそのような手がかりで、私たちはそれによって量子の秘密の世界を覗けるようになる。

スピンという言葉や、そこから連想されるおなじみの野球のボールやフィギュアスケートの選手のイメージは、いずれにせよ量子力学的には見当ちがいなのだから、スピン波動関数の二つの観測可能な状態は、時計回りと反時計回りのように識別する必要はない。実際には、元々の電子の量子力学モデルのように上と下と呼ぶこともできるし、右／左、＋／－、イエス／ノー、表／裏、オン／オフ、黒／白でもよいが、コンピュータでの符号と結びつけるために、伝統的に0と1と呼ばれる。この二つの整数は、ページ番号のような、便利なラベルにすぎない。

スピン波動関数は、二つの型だけを現実にとりうるどんな量子力学的系の記述にも使えるので、電子のスピンや磁気の脈絡を超えてとてつもなく役に立つ。二通りの構造の間を入れ替わる分子でもいいし、輪をなす導線を時計回りに流れるか反時計回りに流れるかする電流でもいいし、原子の中で特定の二通りのエネルギー準位を占める電子でもいいし、縦方向に偏光するか横方向に偏光するかの光線でもいいし、壊れるかそのままかの放射性原子核でもいい。まったく同じ単純な波動関数が、こうしたことや、他の無数の系を記述する。その単純さのせいで、スピンという数学的対象は、大学での量子力学課程の出発点として、ファインマンの二重スリット波動関数に置き換わるようになってきた。

表計算ソフトの言葉で言えば、電子のスピンは2×2の行列（マトリックス）——ありうる中で最小の正方行列——で記述できる（1×1の行列は行列とは言えない。それはただの数であって、量子の重ね合わせを示すことはできない）。

スピンのような系は至るところにあり、それぞれにそれぞれの名がつけられている。二通りの状態だけがありうる量子系は何でも「qubit（キュービット）」と呼ばれる。キュービットは量子（クォンタム）ビットの短縮であり、そのビットという単語の方は、二進数（バイナリー・デジット）を短縮している。古典的なビットは0か1の値をとるただの量であり、オフとオンと標識された切替スイッチを表す抽象的な記号だ。それに対してキュービットは、本物の量子力学的な物理的対象、あるいは系を指し、これはものであって記号ではない。

残念ながら、キュービットという言葉には、「QBイズム」という本書の主題となる言葉との関係はない。英語ではキュービットやQBイズムと同じ読み方をする、聖書に出て来る長さの単位である「キュビト」〔約45cm〕と、二十世紀初頭の美術史の時期を表す「キュビズム」という言葉も量子力学とはまったく関係ないが、キュービットとQBイズムの間にも関係はない。どちらのqも「クォンタム」のqである点では一致しているが、小文字のbは「バイナリ」を意味するのに対し、大文字のBはトマス・ベイズという十八世紀の聖職者を表している。科学の命名で混乱した世界は、妙な組合せを生むことがある。

キュービットは「キュービット波動関数」と呼ばれる数学的仕掛けを使って記述される。キュービットとその波動関数——土地とその地図——を区別するために、本書では、キュービット波動関数の短縮表記として、**キュービット**と表記する。フォントで意図的にこの区別を強調するのは、専門家の文献では、コージブスキーの警告〔第4章〕がしばしば無視されるからだ。

球面上の一点は、何かの実験にかかわった特定の系を表す**キュービット**を記号的に表すことができる。面上のすべての点は、それぞれある確率に対応する。両極では、測定結果がどういうことになろうと、一方が0、他方が1と表記される。この両極の間に、二つの値の混合、重ね合わせがある。たとえば、**キュービット**が赤道上にある事象は、0になる確率が、コイントスで表が出るのと同様、50%となる。北半球の緯度に応じて、事象は1よりも0になりやすくなり、南半球では逆になる。球面上の点の経度には、緯度とは違い、古典的に対応するものはない。経度は純然たる量子力学的変数で、架空の手出しできない空間での角度で表される「位相」を表す。球面上で隣り合

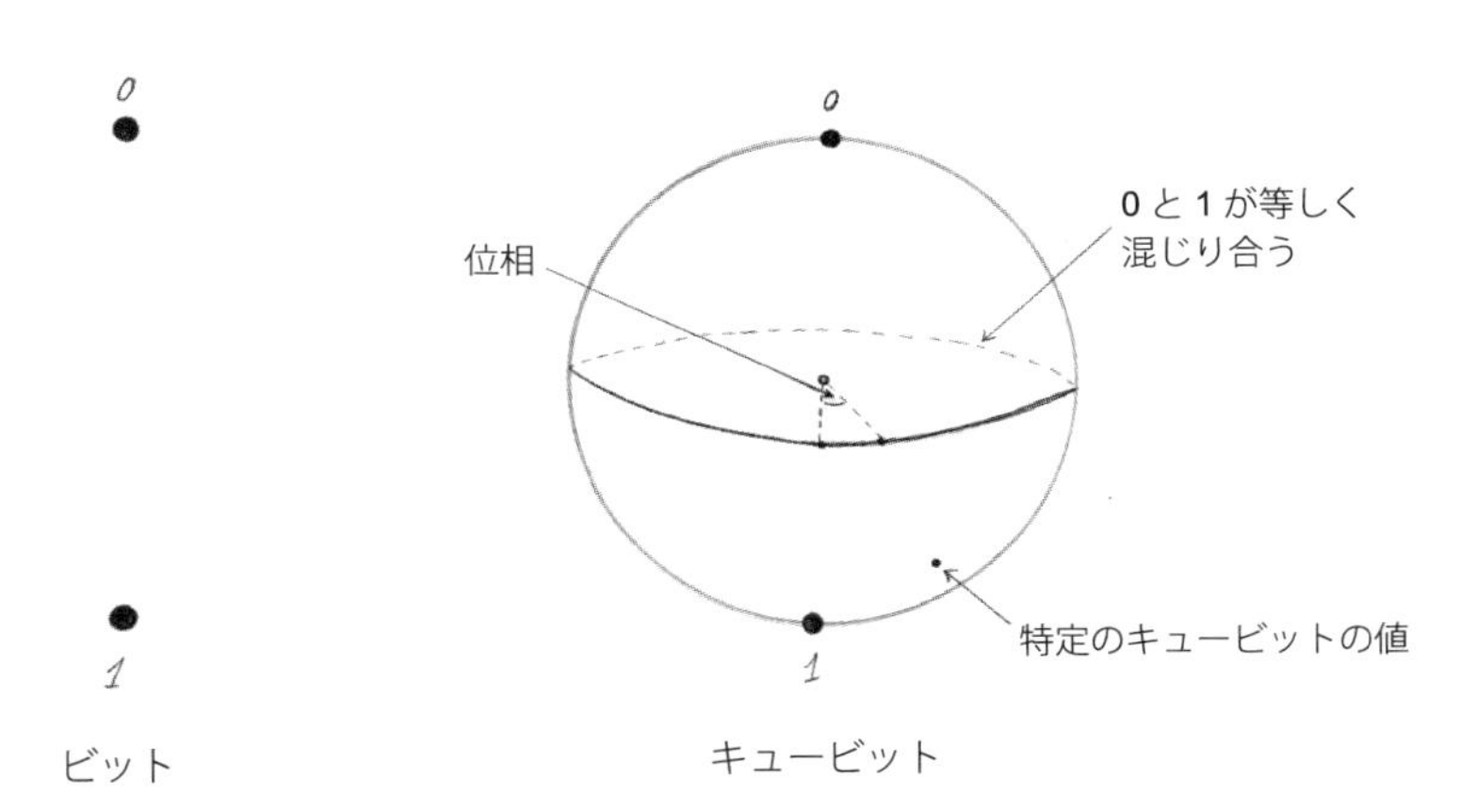

う二つの**キュービット**は、強め合う干渉（山や山と重なり、谷は谷と重なる）となりやすいが、球の反対側にある点で表される**キュービット**は、弱め合う干渉（山に谷が重なる）になりやすい。位相は古典的な波がこだまする最後の名残だ。古典的な波にも重ね合わせという特徴的な性質があり、そもそもそれが量子力学に火をつけたのだし、波動関数がそう呼ばれる元でもあるのだ。

つまり、小さな**キュービット**球は、重ね合わせの現象と、それの確率による解釈を視覚的に浮かび上がらせてくれる。両極を除くと、球面上の点は個々の測定結果を予測する助けにはならない。同じ仕立ての実験を何度も繰り返して行えば、0と1によるランダムな列が得られる。点の緯度は、その列にそれぞれの結果が表れる頻度を予測する。

例外的な点、つまり両極は、重ね合わせではなく、位相もなく、量子力学の離散性を表す。量子調和振動子や現実の原子のエネルギー準位が連続ではなく離散的で一つ二つと数えられるものであるのと同じく、電子のスピンの意味を含む他の多くの測定結果は数えられる個数――**キュービット**の場合は二つ――の値に限られる。両極はこのイメージを現実世界につなぎとめる。その両極を一組にまとめてビットで表す。

たぶん**キュービット**の最も説得力のある視覚的メッセージは、それが何ではないかを言うところにある。それは電子の図解でもないし、ボーアの原子のアイコンとも対照的に、私たちの世界にある何ものの図解でもない。その三次元は想像力の産物だ。この小さな球の表面にある点は実験結果の確率を表すが、**キュービット**が見せる実験が実際に行われた後は、系の状態は0か1いずれかしかない。言い換えれば、**キュービット**球面上の点はいずれかの極へジャンプする。この飛躍こそが悪名高い波動関数の収縮だ。

球面上の点は時間の中で固定されていることもあれば、あらかじめ定められた経路上をさまようこともある。たとえば、特定の時刻に生産される放射性原子核を考えよう。**キュービット**の値が、「この原子核は、分裂するか何らかの放射線を出すかして崩壊したか」という問いの答えを表すとする。答えがノーなら0で表し、イエスなら1で表す。まず、**キュービット**球上の点は0とされる上側の極にある。時間が進むにつれて、原子核が崩壊している確率は上がるので、点は下側の極に向かって下りていく。しかし原子核が観測されていないかぎり、極に達することはない。実際に原子核の状況を確かめれば、元のままか崩壊しているかがわかる。その瞬間、**キュービット**はいずれかの極に収縮する。球面上の点の道のりは予測可能で、量子力学で数学的に記述されるが、瞬間的に南極に飛び移るか、北極に戻るかは記述されない。測定した後は、**キュービット**は0か1のビットの値をとるが、測定の前には、**キュービット**にはビットの値はない。

キュービット球のイメージは、重ね合わせ、確率、離散性、波動関数の収縮を説明するわけではないし、それが記号化する数式を明らかにするわけでもないが、量子力学の主要成分を思い浮かべる簡潔な視覚的手がかりにはなる。それは少しも波動には見えないが、ありうる中で最も単純な波動関数の図解となっている。

第 II 部

確　率

9・確率をめぐるごたごた

量子力学の法則は波動関数の立て方を明瞭に指示する。その指示から難しい数学や数値計算の問題が立てられることもあるが、な
すべきことについて疑念が生じることはまずない——物理学者が悩むとすれば、どう計算するかのところだけだ。その苦労の果てに、波動関数が得られ、それはすぐに実験にかけることができる。

理論と実験を繋ぐのは確率だった。波動関数が確率を予測し、実験がそれを確かめるデータを与える場合もあれば、逆に実験で求められた確率が波動関数の計算を導き、それが他のありうる実験についての情報を含んでいて、それについての予測を可能にする場合もある。一見すると、確率の概念は初歩的で直観的に明らかに見える。コイントスで表が出る確率はいくらか。サッカーのキャプテンが知っているとおり、1/2、つまり50％だ。サイコロ二つを振って目の合計が6になる確率と7になる確率はどちらが高いか。場合の数を数えてみよう。全部で6×6＝36通りありうるが、そのうち6になる場合と7になる場合は一部だけで、それぞれ、(1、5)、(5、1)、(2、4)、(4、2)、(3、3)と、(1、6)、(6、1)、(2、5)、(5、2)、(3、4)、(4、3)となる。

二つの確率はそれぞれ5/36 ≈ 13.9%と、6/36 ≈ 16.7%であり、7の方が6より3%ほど起こりやすい。これは注意深くサイコロの目を見てきた人なら経験から知っていることだ。

ある事象が起きる確率は、単純に考えると、求める結果の数（たとえば目の和が6になる）をありうる結果の数（たとえば三十六通り）で割ったものだ。事象の場合の数が数えられなくても、この式はたいてい成り立つ。子どもが目隠しをして、壁にかけたロバの絵に尻尾をピンで刺す（「福笑」に似た子どもの遊び）。その尻尾がポスターのロバの体のどこかに刺される確率はどうなるだろう。刺す場所はポスター全体でランダムに分布するものとする。ロバの体の面積をポスターの面積で割ればよい。その結果は0と1の間にある実数——分数や%でも表せる正当な確率——となる。

こうして計算される確率は、抽象的な理論的数値だ。それを複雑な設定で足し合わせたり組み合わせたりする方法は、「確率論」と呼ばれる純粋数学の部門が扱うテーマになる。この確率論が取り上げる確率は、無限に細い線、大きさのない点、ユークリッド幾何学の完全な円と同等の実在でしかない。確率論やユークリッド幾何の抽象概念が現実世界に適用できるかどうかは、論理の問題ではなく、実験と観察、つまり科学の問題だ。トスした硬貨、振ったサイコロは単純なので、それについて直観的にわかることは確認を必要としないが、この世の多くのことと同様、真実はもう少しわかりにくい。心してかかるにしくはない。

「キューブ工場（ファクトリー）」と呼ばれるやっかいな逆説を考えてみよう。これは哲学者のバス・ファン・フラーセンが一九八九年に立てた逆説であり、よく似たもっと古い年代物のパズルに基づいている（この例は名前からしてQBイズムにふさわしいように見える）。辺の長さが0～1 cmのランダムな値になる小さな陶器の立方体を厖大な数で生産する陶器工場を想像しよう。この立方体をランダムに取り出して調べる。立方体の辺が0～0・5㎝の間にある確率はいくらだろう。1/2と答えたいところだ。求める結果はありうる幅全体の半分だからだ。しかしそれでいいか？　立方体の面の面積は0～1㎠の間で変動すると考えてみよう。手にしている立方体の面が0㎠と0・5㎝×0・5㎝、つまり0・25㎠の面になる確率はいくらになるか。0・25はありうる幅全体の1/4なので、手にした立方体がその区間に収まる確率は「1/4」ということになる。話はもっとひどくなる。辺の長さや面積ではなく、体積を測定すれば、0～1㎤の間に分布し、手にした立方体が0㎤と0・5㎝×0・5㎝×0・5㎝＝0・125㎤までの間にある確率はいくらか。答えは「1/8」となる。単純な問題に三通りの答えとなると、まさしく逆説だ。どれが正しいのだろう。

数学的にはこの問題に答えはない。現実の場合、実際の製造過程を考慮することによっていずれか一つの答えが選ばれるかもしれない。製造機構の中のどこかに、何らかのランダム化する手順があるにちがいない。0㎝から1㎝の間でランダムに変動するのは幅だろうか。もしそうなら、最初の答えが正しい。ランダムに0㎤から1㎤の間の粘土の量が選ばれ、その体積に相当する正確な立方体が作られるのだろうか。その場合には第三の答えが正しい。もしかするとランダム化はまったく別の形で生じ、ファン・フラーセンの問題は第四の答えを生むのかもしれない。

確率というのは鋭利な数学のツールで、現実にあてはめて使うときには注意して使わなければならないことを、このキューブ工場は思い出させてくれる。

論理と数学だけでなく、ほかならぬ自然も意外な結果を生むことがある。二つのボールを考え、一方を白、他方を黒に塗って、ランダムに二つの容器の中にしまうとする。容器の中身がとりうる状態は、(白黒、なし)、(白、黒)、(黒、白)、(なし、白黒)の四通りしかない。同じ容器に二つとも入っている確率は、もちろん四つのうちの二つで、1/2だ。このように確率を求めるのが昔からの標準の計算法で、どこから見ても明らかではないか。これは二人の候補で票を分けたり、ポーカーのオッズを計算したりするためにも使える――ところが量子の世界では、結局これは間違っていた。

光子はこの容器のボールのようなものではない。その挙動は、これまた日常世界に対応するものがなく、量子力学の特異なところを示す。同じ振動数(同じ色)の光子はまったく区別がつかないのだ。新しい硬貨も互いによく似ているが、顕微鏡で見れば、表面のでこぼこは違っていて区別できる。硬貨をそうした技術で補助してでも細かく見るかぎり同一だった場合でさえ、それぞれの空間や時間の中での道のりをたどることはでき、それを使ってどこをさまよったとしても、区別することができるだろう。硬貨はその外見だけでなく履歴でも区別できるということだ。「こちらが硬貨Aでこちらが硬貨B」と必ず言える。ところが光子はそういうふうには識別できない。光子どうしが接近すると、その波のような性質が表れ、同時に同じ位置をとって重ね合わせの状態になり、アイデンティティがなくなる。硬貨とは違い、根本的に区別がつかない。

二種類の偏光(容器の代わりになる)に分かれ、他の点ではまったく同じ光子二つに割り当てられる可能性は、光子を「＊」で表すと、(＊＊、0)、(＊、＊)、(0、＊＊)しかない。どちらの光子も同じ偏光状態にあることがわかる確率は、1/2から2/3に上がる。その増え方は大したことないように見えるかもしれないが、実際に一兆回も適用すれば、光子の統計学的ふるまいは根本的に変わる。インドの物理学者、サティエンドラ・ナート・ボースがこの従来とは異なる数え方から導かれることを明らかにし、架空の振動子ではなく、光子に注目することによって、プランクの放射式をあらためて導くことに成功した。光子を考えたアインシュタインはこの計算に驚き、感心した。他の物理学者にも知らせ、得られたボース版の統計学が、光子だけでなく質量のある粒子にも使えるように一般化した。八十年後の二〇〇一年のノーベル賞は、このボース＝アインシュタイン統計に従うある原子の姿を観測した実験の成果に授与された。

電子は区別しにくいが、こちらは通常の古典的な数え方ともボースの数え方とも異なる第三の数え方に従っている。電子は光子とは逆のふるまい方をする。光子が密集する傾向があるのに対し、電子は互いを避ける。二つの容器を原子中のエネルギー準位やスピンの二つの向きに置き換えると、排他原理と呼ばれる量子力学の法則から、二つの電子が同じスピンを占めることは禁じられる。つまり、(＊＊、0)と(0、＊＊)は厳格に禁じられ、(＊、＊)しかない。この奇妙な法則が、魔法か何かででも突如として停止されるとすると、原子中のすべての電子が最下段のエネルギー準位に落ち、化学物質間の違いはなくなって、物質はつぶれることになる。

単純な数え方の違いが根底にある確率を変え、それによって粒子の量子統計学が決まり、物質と放射の挙動に深甚な影響が生じる。実際のところ、帰結は深甚どころではない――そもそもの事物の存在のしかたにかかわる。ボース＝アインシュタイン統計や排他原理がなかったら、私たちが知っているような世界は存在しない。

ビー玉を分類するように素粒子を分類しようとすると、波動／粒子の二重性や、点の自転(スピン)のときに遭遇したような、区分が適切でないという問題にぶつかる。素粒子は人間の常識を教え込まれているわけではない。

キューブ工場や粒子統計のような、理論的にも実験的にも意外な結果は、量子物理学者が最初に確率を持ち出したときに警戒心を起こさせてもよかったが、実際にはそうはならなかった。事態をもっと完璧に考え抜けなかった理由の一端は、物理学者の哲学に対する疑い、ほとんど侮蔑と言っていいものにあったかもしれない。実際には、確率(プロバビリティ)／ありそうなことは、子どもでも使えるようなありふれた日常的概念であるだけでなく、学者の間で何世紀も議論の対象にもなってきた。いずれにせよ量子物理学者は、理由はどうあれ、最後に理論が実験と出会う地点に達したとき、その警戒心のレベルを下げ、批判の機能を解除して、何も考えずに「当てはまる事象が起こった場合の回数÷全事象数」という優勢な確率の定義に従った。

それは事象が起きる回数を数えることに基づいているので、そのような確率の意味の解釈は頻度主義的確率と呼ばれる〔なお、頻度主義的確率については解説（ならびに解説註13）も参照のこと〕。これは十九世紀の半ばから二十世紀の前半にかけて厳格な数学の領域に入ってきて、小中学校では自明の真理として教えられた。頻度主義的確率は、観察による数の比という定義によって、客観性の雰囲気をまとう。コイントスの確率が50％と言うと、そのことは実際のコインに内在する性質、質量や大きさに似た測定可能な属性のように見える。

しかしどんなに強固な頻度主義者でも、そこまでは言わない。そこでの客観的な性格は、何度かコイントスをした結果から導かれる確率だけのことであって、コインやトスを調べた結果によるのではない。その確率の定義は、たとえば次のような言明から引き出さざるをえない。「偏りのない硬貨を公正に多数回トスした中で、表となる回数はおよそ50%となるので、表が出る確率は約1/2である」。しかし数学者は「多数」、「およそ」、「約」といった曖昧な言葉では満足しない。そこで無限回のコイントスを想像する。そのように変更すると、表の回数はちょうど50%に達し、確率は1/2となる。残念ながら、この定義も客観性を失う——それは仮想のもので、実験的には確かめられないのだ。

頻度主義の表し方には、「公正」とか「偏りのない」という言葉の問題もある。硬貨が完全に対称的であり、トスのやり方が毎回絶対に同じであることを想定する必要がある。しかし現実の世界には、対称的な硬貨や偏りのないトスのしかたというのは存在しない。実を言うと、それでいいのだ。すべての硬貨のすべてのトスが、想定どおりに細部に至るまでまったく同一に反復されるなら、結果はいつも同じになるだろう——少なくとも、ニュートンの古典的な決定論の世界では。そこでは表か裏のランダムな並びにはならず、コイントスは確率論の対象にはならない。つまり、実際の実験では、硬貨と投げ上げ方についての情報が限られているということだ。情報は、あるばらつきを許容する程度には限られているが、法則のような統計学的規則性が現れないほど限られているわけではない。

形式を重んじる数学的な確率論学者は、そのような心配からは距離を置き、単純に、確率の正確な値（仮想のサイコロを振るときの1/6のような）と無限回の試行を根本の公理とし、現実世界での応用は賭博師や世論調査会社や医療統計学者や物理学者に任せる。数学者は現実世界のごちゃごちゃしたところには無頓着で、硬貨が無限回トスされることはないことを重々承知しつつ、その定義と公理を研ぎ澄まし、完全な硬貨、偏りのないトス、無限の忍耐力についての厳格な定理を証明する。物理学者の方はそんなぜいたくはできない。

確率の頻度主義的解釈が依拠するこの最も影響の大きい原理は、数学を現実世界の経験から実に効果的に分離することもできた。それは確率が何度も試行するところに成り立つものであって、一つの例、個々の事象については何も言わないことを明言する。頻度主義者にとって、「単一試行確率」というのは、一個の数の「差」や孤立している粒子の「引力」といった概念と同じように、意味をなさない。

この制約が理解できないことと関係するとされるのが「ギャンブラーの誤謬」であり、これは、学校の先生が口を酸っぱくして教えることでもある。これは、ある硬貨が続けて百回表を見せた後は、百一回表が続くのはとんでもなくありえないから、裏が出る可能性は50%をはるかに超えるにちがいないと信じてしまう間違いのことだ。さらに言うなら、ギャンブラーの誤謬は、過去のコイントス、サイコロ、配られたトランプのカード、ルーレット盤の回転の結果――確率の概念そのものを定義する、試行結果が並んだ長い列――は、次はどうなるかについては何も予想しないことを意味する。この規則は周知の真実として少年少女の頭に教え込まれる。

頻度主義的確率は、注意深くしつらえられた実験を何度も行う物理学者にとっては有効だが、私たちの日常生活で遭遇する単一試行確率について確率を云々することを排除する。頻度主義的確率の脈絡では、「今日の午後、雨が降る確率は30%」とか「この牛乳はおそらく腐っている（腐っている確率が高い）」とか、「彼女はおそらく僕のことが好きだ」といった発言も、オバマ大統領が言ったとされるオサマ・ビン・ラディンが見つかるオッズは55対45という推定も意味をなさない。

形式主義的確率論と、私たちが自分の経験に資するために実際に確率を用いる様子との断絶を浮かび上がらせる話がある。あなたが一人の友人とともに公会堂に入る。あるギャンブラーが壇上でコインをトスしていて、そのギャンブラーはあなたに参加するよう誘う。ギャンブラーは「私はこの一ドル銀貨で表を出します。表なら、一ドル下さい。裏なら私が一ドル差し上げます。簡単でしょう」と言う。あなたはギャンブラーの誤謬を避ける自信もあり、冒険心もあって、自分の運を試すことにする。しかしあなたが口を開こうとするそのとき、友人が耳元で囁く。「あいつはこれまで百回やっていて、全部表を出しているぞ」。

問題は、そこであなたはどうするかということだ。「その硬貨は公正なのか？」とか、「その友人は間違った情報を持っているのでは？」とか、「そのギャンブラーはいかさまではないのか？」などと質問責めにして、この話を教科書に出てくるような問題にしないでいただきたい。額面どおりにとって、実際にどうなるかを考えていただきたい。できるかぎり、曖昧さや不確定なところがある現実世界での経験として想像していただきたい。私にとっては答えは明らかだ。私はギャンブラーの誤謬と知りつつそれを犯して、過去の事象は次のオッズに影響すると思い、頻度主義的確率論などうち捨てて、自分の本能に従う。連続して百回の表が出ることは、理論的には偶然で起こりえて、次にどうなるかには影響するはずがないとしても、私は賭けには乗らない。

統計学者なら、硬貨が実際に公正で、トスに偏りがなく、ギャンブラーも友人も本当のことを言っているのであれば、賭けに乗りなさいと言って自説を擁護するかもしれない。結構だが、私はそれをどう知るのか。これ以上の証拠がないのなら、一ドルだってリスクにさらしたくはない。あなたならどうしますか？

硬貨に偏りがないと納得させてくれるのは何か。私、あるいは私が信用する誰かがそれを百回トスして、半分ほどがランダムに見える並びで表になったら、私も道理をわきまえた人々に賛成して、その硬貨には確かに、少なくとも実質的な偏りはないと見るだろう。しかしこの結論に達するために私が適用しなければならない推論は、見かけほど単純ではない。

量子力学のQBイズム解釈に早くから共感していた数理物理学者のマーカス・アップルビーは、この論点を、生き生きとしたたとえ話で解説した。[1] アリスが三十七マス型（ヨーロッパ式）ルーレットを一度だけ回し、11が出て、このホイールは公正だと結論するとしよう。アリスの論法は確かに妥当ではなく、正しく考える人なら誰でもこれを否定するはずだ。一度だけ回した結果では、ルーレット盤の公正さについて何か言うことはできない。そこで今度は、ボブが硬貨を百回トスし、数えてみると表が約五十回、裏が約五十回ある、見たところランダムな並びの表と裏の列を得て、この硬貨は公正だと結論するとしよう。

ボブの論拠が観察された事実だけで、ほかには何もないとすると、その論証はアリスより良いわけではない。数学的な確率論の見方からすると、百回のコイントスで得られる表と裏の並びは、2^{100} 個の区画のある——各区画には、百回分の表と裏の相異なる並び方が記されている——巨大な

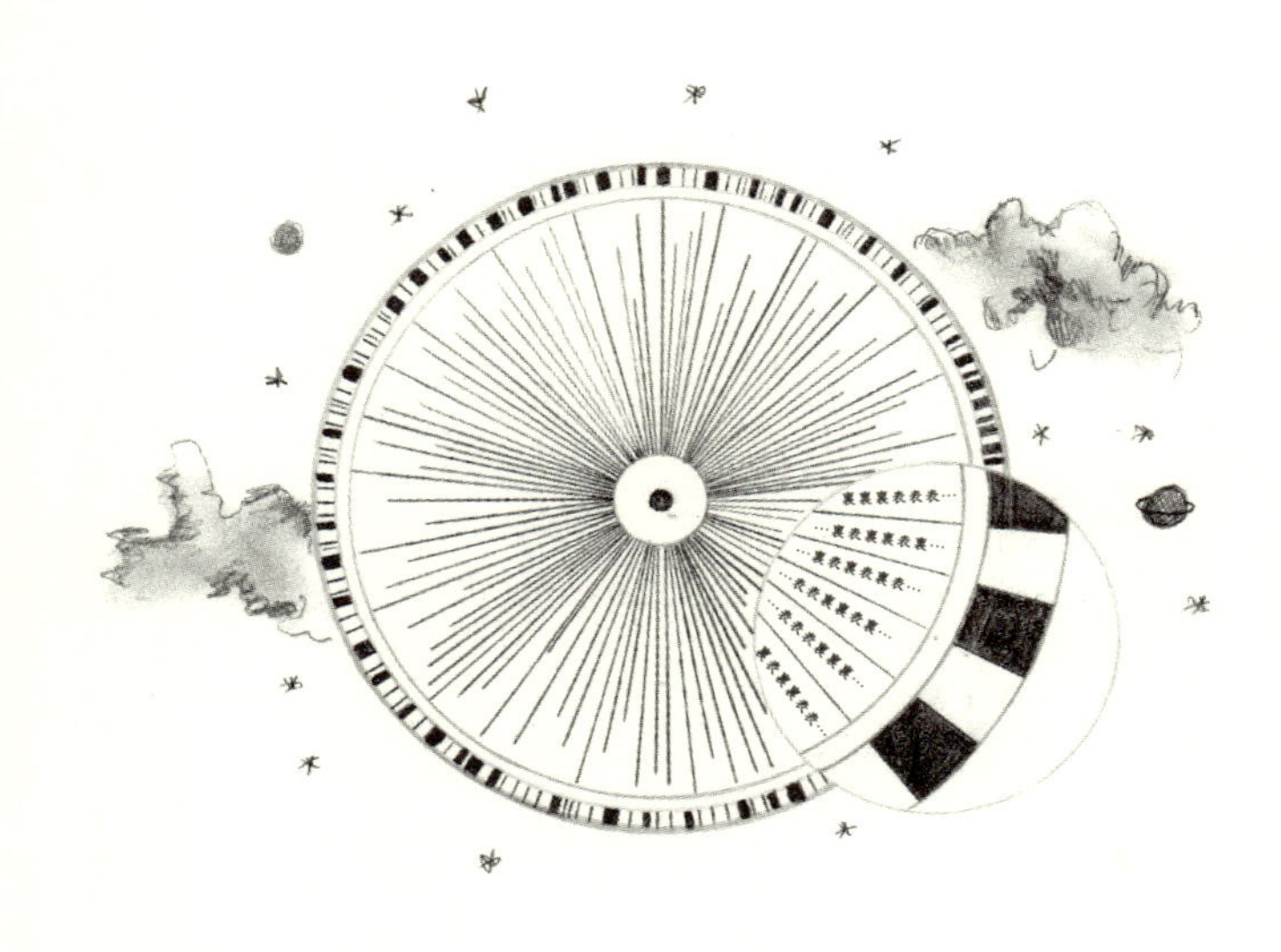

ルーレット盤を一度だけ回すのと同じことになる（ビー玉程度の大きさの球を使うようにできているとしたら、この巨大なルーレット盤は観測可能な宇宙の体積には収まらないだろうが）。区画の一つには、まさしくボブが硬貨で得た並びが記されている。つまり、このものすごい盤を一度回すだけで、ほかの並びも同じ確率で現れ、したがって、盤に、ひいては硬貨に偏りがないと論じる根拠としていることになる。大きさはとてつもなく違うが、ボブの論証にもアリスと同じ欠陥がある。

　アップルビーはこの話を、頻度主義的確率概念には困った不整合があることを解説するために考えた。確率の定義は、厳密に言うと、一個の事象については存在しない。「当てはまる事象が起こった場合の回数÷全事象数」は、事象を反復する回数が無限でも有限でも、その回数全体の性質なのだ。それでもこのルーレットの話が示すように、頻度主義者によっても暗黙のうちに、一回だけの事象に当てはめられる確率、いわゆる単一試行確率の概念が用いられている。そういうものは定義されないというのに。

この硬貨が公正だと言うには、ボブはこのルーレットのたとえを退けて、表に出ていない前提に基づく論証を立てなければならない。自分の百回のトスは独立していて、表の確率はすべてのトスについて同じだという前提を立てなければならない。しかしそれでも十分ではない。その仮定を立てて、表が出る確率の数値として1/2を用いるとすれば、特定の一通りの表裏の並びが、$(1/2)^{100}$というごくわずかな確率で得られる（$(1/2)^{100}$は想像を絶する小ささで、１ｍの物差しの長さを半分、半分と切って百回繰り返したときの長さで表せる。これはたまたまだが、メートル系の単位で表したプランク定数より少し大きい程度になる）。残念ながら、この極微の確率でボブが示せることは何もない。アリスがルーレットを回して11が出る1/37という確率と同じようなもので、公正さについては何も言っていない。さらに言えば、公正でない硬貨であっても、ボブが見た表と裏の並びを生むことはありうるだろう。ボブは理論をもっと深く勉強して、その硬貨で表を出す確率として有名な1/2を考えるのではなく、別の確率を考えなければならない。０・７や０・２という値を考えれば、表の側か逆の側かに偏りがあることになるが、それで自分が見た特定の並びが出る確率の計算をしてみなければならない。こうした前提と計算を経てやっと、ボブは有効な結論に達する。自分が観察した並びについて計算した確率はごく小さくても、確率が０・５と仮定したときの方が、硬貨が偏っていると仮定した場合に得られる場合よりもずっと大きい。これでやっと、硬貨は公正かという問いに数学的に答えたことになる。確かに公正だ。確率1/2は、数値的にいちばん確率の高い仮定だからである。

ボブは硬貨をトスした一回ずつの孤立した結果――単一試行確率――を何度も何度も参照せざるをえないところに注目しよう。まず、この確率はそれぞれのトスについて同じと仮定しなければならない。これは確率が一回のトスについて定義されてこそ意味をなす命題だ。また、並び全体を生む確率として最もありそうなものを求めるために、当の単一試行確率に実際の数値を割り当てなければならなかった。その特定の値が0・5近くになって初めて、ボブはその硬貨が公正であることを主張できた。

マーカス・アップルビーは、頻度主義的確率は、実は有限回であれ無限回であれ、何度も試行を繰り返した列のみに基づいているのではないという結論に達した。筋を通せば、単一試行確率を基本成分、確率論の言わば「原子」として認めなければならなくなる。要するに、頻度主義は整合しない。

論文の最後でアップルビーは、QBイズムを生み出した人々の一人クリス・フックスに、「こうした問いが大事だということを見せて」くれたことについて、謝辞を述べている。こうした謝辞がつくこと自体がQBイストが直面する困難な闘いをうかがわせる。つまり、物理学界にいる私の同業者はたいてい、確率の概念に伴う問題をおめでたくも知らず、この問いが大事であることにも気づいていないということなのだ。

10・ベイズ師による確率

量子(クォンタム)ベイズ主義――QBイズム――は、長老派の牧師で数学や統計学にも長けていたトマス・ベイズ師(一七〇一～一七六一)の名で呼ばれる確率解釈に基づいている。その名声は一本の論文の上に成り立っている。没後に発表されたもので、今ではベイズの法則(Bayes' law)と呼ばれる(ベイズの定理、ベイズの規則、ベイズの公式、ベイズの等式とも呼ばれる)[1]という一般的な帰結の特殊な場合が紹介されている論文だ。ベイズの法則はベイズ確率論の要で、この確率論は、天文学者で数学者のピエール＝シモン・ラプラス(一七四九～一八二七)をはじめとする人々が創始し、その後の何世代かの学者が展開した。

ラプラスから一世紀の間、確率論と統計学はベイズ的な伝統にあった。その後、ジョン・ヴェン(一八三四～一九二三)という、ヴェン図で有名な人物など、何人かの数学者が、確率を「もっと客観的」にしようと試み、反復される試行という観点に立つ頻度主義の定義を導入した。「当てはまる事象が起こった場合の回数 ÷ 全事象数」という、ほれぼれするほど簡単な式が学校教育を支配することになる。物理学者も頻度主義を採用した。実験室での物理学実験はたいていは単純で、反復でき、量で表せるからだ。他の、とくに生物学、心理学、経済学、医学など、不確定な部分が相当にあり、曖昧でない実験が行いにくい分野では、偏りのない硬貨と無限回繰り返される実験という架空の世界に繋がろうと苦心している。二十世紀の半ばになると、通説の振り子が、頻度主義に対抗する古いベイズ的な見方という反対側へ振れ始めた。天文学者や実験物理学者でさえ、統計学的分析が必要なデータの奔流に溺れかけ、ベイズ確率を見直すようになった。[2] そうして二十一世紀のはじめの今、この傾向が量子力学も捉え、ＱＢイズムが生まれることになる。

　数学者、統計学者、数学哲学者の間では、ベイズ確率という概念は分析され、解剖され、あらためてまとめられて、驚くべき数の変種や改良が使えるようになっている。ＱＢイズムは「個人的」あるいは「主観的」という修飾がつくベイズ主義の一種に基づいている。本書では、この変種だけを取り上げる。

　確率はある事象が起きることの確からしさ（ライクリフッド）の尺度だ。日常会話では、確からしさの評価は「ありえない、ありそうにない、ひょっとして、なかなかない、ありうる、大いにありうる、ほぼ確実、確実、疑いようがない」などの言葉に乗せられるが、科学的な目的では、確率には数値を割り当てるのが望ましい。コイントスや標的に向けて電子を射出するといった、条件をきちんと整えて実行できる単純で理想化した状況については、頻度主義的確率が数値を割り当てる仕事をする。しかし、すでに見たような論理的整合性のために、また実用的な目的にとっても、一回限りの事象に当てはまる確率の定義が必要となる。頻度主義はそれには応えられない。

　ベイズ主義は、確率のありかを外の物質世界から移し、「行為主体（エージェント）」と呼ばれる人の頭の中に置く。この脈絡では、エージェント（ラテン語で「行う」を表す「agens」に由来）は、他の人々（代理人など）のことではなく、何かの決定を下し、行動を取ることができる人のことを表す。ベイズ確率は、ある事象が起きることや、ある命題が真であることを行為主体が個人的に「信じる度合い」である。行為主体という言葉があることによって、この定義には現実の結果が伴う可能性が生まれる――いかなる点でも世界に作用しない内面の思惟は、科学の関心の対象にはならない。「信じる」のは個人的で主観的なことだ。それは多くの多様な作用の結果として形成される――その作用が何かは当該の行為主体だけが知っている。ベイズ主義者は行為主体が信じることの源に分け入ったり、それを判断したりしようとはしない。

しかしベイズ主義者も信じる「程度」を量で表したい。信じる強さをどういう量で表すのだろう。実は、何らかの外から識別できる作用がないかぎり、定着化はできない。定性的な推定を数値に変化するために使われる巧妙な仕掛けは形式を整えた賭けごとだ。行為主体は賭けをする人とされる。この人が何らかの想像上の賭けに張る気になる金額――どうその判断に至ったかはともかく――が、その人がその事象が起きる確率をどう見積もっているかを定義する。こうして確率論は賭けやサイコロ遊びというそのルーツに戻る。

賭けの手順を標準化し、そうやって表された確率が確実に0と1の間の実数（あるいは対応する百分率）になるようにすべく、ベイズ流の定義は次のように考えられる。賭けを行う双方の標準的な約定は、「事象（イベント）Eが起きるなら、この券の売り手が買い手に一ドルを支払うこと」と書かれた券のようなものになる。賭ける双方が、事象Eの正確な記述に合意したうえで、そのような券を互いに売ったり買ったりする。買い手が事象はきっと起きると思うなら――たとえば太陽は明日昇るなど――その人はその事象に1という確率を付与する。そうして、この券には一ドルまでならいくらでも払おうとするだろう（満額の一ドルを払えば儲かる可能性はなく、意味のない賭けとなる）。他方、その人が事象Eは起きないと思えば――たとえば自分のコーヒーカップの手を離すと、それが天井に向かって浮遊するといったこと――確率は0として、券には一セントも払わない。

この手順は確実でもありえないわけでもない事象にも拡張できる。たとえばコイントスの場合、行為主体は学校や自分の経験から、表が出る（この場合の事象Eの）確率は1/2と想定されることを学んでいて、券に五十セントまでを払うことになる。そうして硬貨がはじかれる。表なら、券の買い手は一ドルの払い戻しを受け、差し引き五十セント以上の儲けとなる。裏だったら、払った五十セント未満を失う――公平な賭けだ。

一般に、正式なベイズ確率の定義は、非科学的に思われるかもしれないが、次のようになる。事象Eが起きることについて行為主体が確率pを付与するとは、その行為主体は、Eが起きれば一ドルになる券にpドルまでならいくらでも払うという意味である。逆に、行為主体は、この券がpドル以上なら売る。

こうして定義された確率は、0と1の間の（両端を含む）実数ということになる。頻度主義的確率とまったく同じだ。しかしその外面での類似と裏腹に、二つの定義は根本的に相異なる。一方の伝統で育った人々にとって、まったく新しい視点に切り替えるのは容易ではない。新しい歯ブラシとは違い、一夜にして確率の古いモデルが新しい理解に置き換わることはできない。ＱＢイズムはそもそもそういうものなので、それが物理学界を席巻することは考えにくいことになるが、それがじわじわ浸透するのを止めるものもない。簡単な反論であっさり排除されることはないのだ。ベイズ確率は、科学と技術の世界の大半で有効で健全なツールとしての価値を証明しており、QBイズムはその使用範囲を量子力学にまで広げるということだ。

私も含めて物理学者はたいてい、ベイズ確率に初めて遭遇すると仰天する。「信じる度合い」などという言葉は、物理学の通常の語彙とはまったく異質に見える。物理学者は「自然の偉大な法則」が主観性や個々の行為主体の信じることなどとかかわるはずもないと思っている。しかしそれに対する頻度主義には、現実世界から離れ、中身のない、学校の教科書のような話になってしまうというもややするところがある。頻度主義は、ギャンブラーの誤謬——確率が単一事例について観測可能なことを予測できると思うこと——を退けることによって、未来の行動を決定する場面では役に立たないと自ら宣告する。今日の午後の降水確率は70％という天気予報は、実際に起きることについては何も言っていないのだとしたら、その予報は出かけるときに傘を持って出るかどうかの判断にどう役立つのだろう。しかし実際には、予報にも意味がある。私は70％の予報を今日の午後に起きると予想されることについての「信じる度合い」と解釈し、もちろんそれが私の判断に影響する——オバマ大統領による、オサマ・ビン・ラディンが自宅で見つかる見込みの評価が、このアルカイダ指導者を襲う命令というもっと重い判断に影響したように。

物理学がただの事実の寄せ集めではなく、人間の壮大な冒険とみなされるとすれば、それは絶えざる意志決定の流れも必要とするものだし、それもまた信じる度合いに基づいている。すべてのデータ評価、すべての新しい計算の開始、すべての実験の設計、すべての議論、すべての結論、要するに何らかのことが進展する際のすべての段階に、複数の選択肢の中からの決定が含まれる。そしてそのすべてにおいて一回かぎりの事象の確率評価がなされている。

そこには決断だけでなく、改訂もある。ベイズ確率の特色の中でも、頻度主義と明瞭に異なるところは、変化の可能性をおいてほかにはない。個人的な信じる度合いは変化し、したがって、事象に割り当てられる確率も変化する。頻度主義的確率は、コイントスに基づいてモデル化されるように、定義されればきちんと決まってしまうが、ベイズ確率は、人間の考えの中にあって、途中で変化しうる。この柔軟に変わるところこそが、そもそもベイズ確率の話の出発点だった。ベイズの法則は、新しい証拠が得られて元の信じる度合いを修正するときの、その変化についての数学的な指示だ（公会堂でギャンブラーについての考えを変えたときの話を思い出そう）。

ベイズの法則は次のような問いに答える。ある特定の事象が起きる確率の値を知っている、あるいは仮定してあるとする。そこで新しい、関連する情報、たとえば何らかの実験結果、予想外の報道記事に遭遇するとしよう。その新しい情報は、先の確率の評価をどう変えるか。

ベイズの法則の値は数学的に厳密に決まる。確率は信じ方であり、信じ方は、事実とは違い、柔軟に変化する。しかし確率と新しい情報が、どのように一体化して、更新された確率を生むのだろう。その手順が三平方の定理と同じく単純で異論の余地のない数学的定理となっている。

一例でこの法則を解説してみよう。集団全体での発生率が0・5％であることがよくわかっている、がんの一種があるとしよう。つまり、二百人に一人がかかるということだ。さらに、この病気についての新しい血液検査が開発されて、99％の信頼性があるとしよう——検査結果のうち1％は間違っている。医者は、ある患者がこの病気ではないかと疑い、血液を採取して分析に回す。数日後、医師は患者に検査結果は陽性だったと電話で伝える。

　この患者が実際にがんである確率はどれだけか。どのくらい心配すべきだろう。検査は信頼性が高いことを考えると、最悪の事態を想定すべきだろうか。家族や友人に伝えるべきだろうか。セカンドオピニオンを取るべきだろうか。どうすれば、だんだん高まる不安を見込みの合理的な評価によってなだめることができるだろう。実際にはがんではないことがわかる希望の光はあるのだろうか——検査が間違っていて、いわゆる偽陽性の結果が出たのだろうか。

　ベイズの法則は、この問いについて考えるための筋道の通った方法をもたらす。それは四つの別々の確率の間の関係で、その四つの数はすべて0と1の間の数や百分率で表される。検査結果が陽性であるという新しい情報をプラス記号で表し、求める事象、つまり実際にがんであることがわかるというのを、「不機嫌」を表す顔文字（☹）で表す。するとp（+→☹）が問いに対する数値による答えを表す。「検査結果が陽性であることは実際にがんだということである」という命題を信じる度合いはどれだけか。これが求めているはずの値——自分の気持ちのよりどころにする歩（オッズ）——だ。

　ベイズの法則の第二の成分は、集団全体にいる誰もが検査を受けたとして、そのテストが陽性と出る場合——実際にかかっていてもそうでなくても——の確率だ。それをp（+）と呼ぼう。第三に、p(☹)、つまりその人が検査を受ける前に実際にがんである確率。これは、話の出発点となる集団全体のこのがんの発生率、つまり0・5％のこと。

第四の数は、ベイズが認識したように、計算の難所となる。これは p(☹→＋)で表され、自分が確かにがんであることを知っていて、検査結果が陽性となる確率を表している。記号からわかるように、それはある意味で、逆の問題に答える逆確率となる。「私が陽性の結果を得たら、実際にそのがんである可能性はどれだけか」ではなく、「私がそのがんにかかっていたら、陽性の結果が出る可能性はどれだけか」ということだ。この二つの問いを不注意に混同すると、まずいことになる。両者は「犯罪者の大半は男性だ」と「男性の大半は犯罪者だ」ほどに違っている。

これで仕掛けは整った。ベイズの法則は次のような単純な等式だ。

p(＋)×p(＋→☹)＝p(☹)×p(☹→＋)

直観的には把握しやすい。小数ではなく百分率で書くと、それが表す事実はわかりやすくなるだろう。集団全体の中から、検査結果が陽性だった p(＋)の割合の人を選び出し、その中から実際にそのがんだった p(＋→☹)の人だけを選ぶ。これとは別に、進め方を逆にして、まずこのがんにかかっている p(☹)の人を集め、その人々の中から、検査結果が陽性となる p(☹→＋)の人を選ぶ。どちらの場合にも、同じ人々の集団――検査結果が陽性で、実際にそのがんでもある人々――に行き着く。

実際に計算してみよう。

実際にこのがんである確率 p(☹)＝0.5％。右辺の右側の項、逆確率は、その人ががんであるという前提で検査結果が陽性となる可能性のことだ。この検査は優れているので、p(☹→＋)≈100％と見ていいだろう。この数字のせいで、医者から検査結果を知らされたときに不安になるのだ。この検査はほぼ１００％正確だということを知ると、たいていの人は直観的に、陽性の結果はほぼ確実に、がんの確定診断を意味すると思ってしまう。しかしそうではない。

この式の最もひっかかりやすい成分はp(＋)で、これは集団全体の中で陽性の結果を得る人が見つかる確率を表す。集団の中の０・５％が実際にその病気であり、この検査はその人を拾い上げる可能性が高い（99％）。健康な人（集団の中の圧倒的大多数）のうち１％は、不運にも間違って陽性の結果――偽陽性――を得て、検査結果が陽性の人の割合は、p(＋)≈1.5％ということになる。

すべてをまとめて、両辺をp(＋)で割る。検査結果が陽性と出た人が実際にその病気である確率は、p(＋→☹)≈0.5％×100％÷1.5％＝100％÷3≈33％となる。ベイズの法則によって得られる最終結果では、この患者が当該のがんにかかっている可能性は1/3にしかならない。これは、全国的ながん統計による０・５％という発生率と、検査結果を誤解して自分ががんである率だと思い込むほぼ１００％との、まずまずの中間にある。ほっと一息ついて、急いで再検査した方がよい。偶然で二回続けて偽陽性の区分に当たる可能性は低いので、再検査すれば、不確実性は下がる――いい方であれ悪い方であれ。

一万人の全集団についての変わった形の円グラフがある。各部分に書かれた一万人あたりの実人数から百分率（の近似値）が求められる。49と99と書き込まれた部分が合わせて陽性の結果が出た人をすべて含んでいる。くだんの患者はその二つの区分の一方にいるが、自分ではどちらかはわから

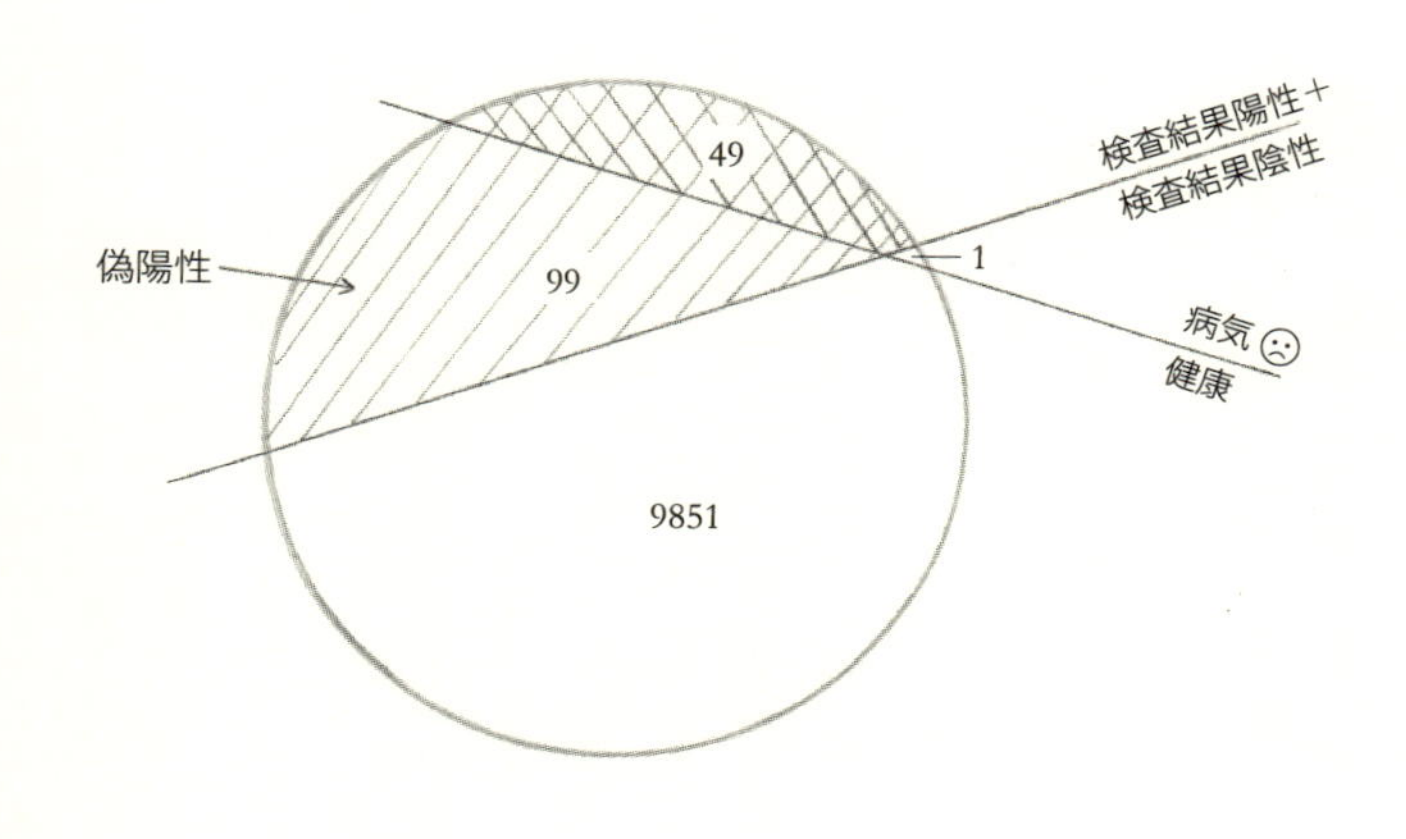

ないので、その人ががんにかかっている可能性は約1/3になる――ベイズの法則から予想されるとおりに。

もっと一般的な脈絡では、＋符号は新しい情報（インフォメーション）を意味するI、不機嫌顔は事象を表すEに置き換えてもよい。その置き換えをして、あらためて両辺を$p(I)$で割れば、ベイズの法則は次の通例の形になる。

$$p(I \to E) = p(E) \times p(E \to I) \,/\, p(I)$$

入れる数字のうち二つは、いわばハンバーガーのビーフとチーズで、残り二つがバンズとなる。右辺の左側の項$p(E)$は事象Eが起きる、新しい情報Iがからんでくる前の、簡素な確率を表す。そういうわけで$p(E)$は事前（プライアー）確率、あるいは単純にプライアーと呼ばれる。話の出発点として、プライアーには情報のないあてずっぽうの値を割り当てることもある。ベイズの法則を繰り返して当てはめれば、後々改善されるので、それをあてにしてのことだ。左辺の$p(I \to E)$は、同じEについての、新しい（あるいは事後の）確率評価で、新しい情報Iを得たことによって更新されたもの。残りの二つの項が、修正を実行するための専用の装置となる。事前確率をこの単純な式で更新するというアイデアが、ベイズ確率解釈の根幹をなす。[3]

がんの例では、医者からの電話の前には、その病気に罹っている確率の推定──事前確率──は0・5％だった。医者からの電話の後、それがほぼ100％に上がったと直観的に心配するのは間違っていた。ベイズの法則は、その推定を33％にすべきだということを示す。

ベイズの法則は、その威力を、まったく別の出どころからの情報を組み合わせる力から引き出す──等質的なデータセットを組み合わせるようにできている頻度主義の方法を使ったのではなかなかできない統合の技だ。ここでの例で言えば、事前確率は広い集団での大規模な統計学的調査に由来するが、がん検査の正確さはコントロールされた臨床研究で得られたものだった。ベイズ的計算に入るのは、数値的データだけではない。履歴や直観も、行為主体が事前確率を選んでそれを更新する助けになる。確率が信じる度合いと定義されれば、追加の情報や新たな仮説が確率に影響するようにできる。先の連続して百回表を出したと教えられるギャンブラーの例は、こうすることが実生活で使えることをよく表している。

融通が効くこと、一般性、論理的整合性は、確率の第一の解釈として頻度主義的確率よりもベイズ確率を推薦する。気象学では、地球の明らかに一度きりの大気の状態について予測し、厖大な種類の情報から得る証拠をまとめているので、ベイズ確率論がお気に入りの数学的手法となる場合が多い。ほかにも、社会科学、生物学、医学、工学では、どれもベイズ確率を使う方が便利になる。

単純な場合には、頻度主義の「当てはまる事象が起こった場合の回数 ÷ 全事象数」という式で確率は数値的に決まるが、そこでも確率の本当の意味を与えるのはベイズの定義だ。不規則な形の紙の面積を測定するという例を考えると、確率を求めることと定義との根本的な違いがはっきりする。面積は紙の重さ（g）をその密度（g/m^2）で割れば便利に求められるが、「面積」という言葉はやはりあくまで幾何学的なもので、重さや密度を参照して定義されるものではない。

量子力学が根本的に確率の概念に依拠することはすでに見た。それとベイズ主義が出会うとどうなるだろう。

第 III 部

量子ベイズ主義

11・明るみに出たＱＢイズム

科学はたいてい、途中で小さな支流を集めて膨らむ大河のように、恒常的に入ってくる新しいデータや新しいアイデアのかけらを組み込みながら徐々に前進する。それとは対照的に、量子ベイズ主義（クォンタム・ベイジアニズム）の誕生は、二つの大きな流れが合流するのに似ている。二十一世紀のはじめ、量子力学は生まれて七十五年を経て年季が入り練り上げられた科学となっているところで、それがベイズ確率という、十八世紀生まれながら若返ったばかりの数学の分野と合体した。二つの確立した知識の塊が力強く合流したのだ。ＱＢイズムの創始者はＱもＢも自身では考案してはいない。両者をまとめただけなのだが、それはほかならぬ量子力学にとってだけでなく、科学的世界観一般についても深甚な意味を伴うことだった。

ＱＢイズムの根幹をなすテーゼは単純に言えばこういうことだ。量子確率は、個人の信じる度合いを数値的に表したものである。

ベイズ確率についてこれまで聞いたことがない人にとっては、この言い方は奇妙に映るだろう。科学というのはそもそも、個人を捨てて普遍をとるものではないのか。信じるというのは、知識とは正反対であり、したがって科学とは正反対のものではないか。たいていの物理学者はそう反応し、二〇〇二年に発表されたQBイズムの創始となる文書に私が最初に遭遇したときも、私自身、そういうふうに思った。その論文は、その驚くべき結論を、大胆にもタイトルで真正面から告知していた。「ベイズ確率としての量子確率」[1]。

確率の解釈を頻度主義的確率からベイズ確率に切り替えるという判断は、一種の費用対効果分析に拠っている。一方では、そうすることでどんな得があるのかと問うのは当然のことだ。他方では、裏面はどうか——飛び移ることで何を犠牲にするのか。

QBイズムを採用するための「費用」は、ベイズ確率論には立派な系図があるので、見かけほど大きくはない。賭けのオッズの個人的推定に置き換えて確率を解釈するのは、一見するとたいていの人には違和感があるが、頻度主義よりも古いだけでなく、ますます多くの科学者・技術者が、実に様々な分野で用いてもいる。それは何世紀も生きてきて、重要な応用で無数の審査に合格している。なじみがないとしても、決して突飛なことではない。

QBイズムは帳簿のプラス側に相当の利益をもたらす。中でも説得力があるのは、波動関数の収縮というやっかいな問題を解決することだ。従来型の量子理論では、収縮の直接の原因はまったく説明されないままになる。それが空間と時間の中でどのように起きるかを数学的に記述するという、古典物理学の場合にはどんな過程にも必ずできることが量子論ではできない。機械、電気、磁気、光、音響、熱の乱れがある一点から別の点へと伝わり、近くのものも遠くのものにも影響する様子は、数学的に細かく理解される。宇宙をつなぎとめる結合力である重力の作用でさえ、ここから遠くの星まで、また星からこちらまで、一般相対性理論の重々しい式を通じて、一段階ずつ、自信をもってたどれるようになった。しかし波動関数の収縮はまだ奇蹟――数理物理学にとっての目の上のたんこぶ――のままだ。

QBイズムはこの問題を、易々と、すっきりと解決する。どんな実験についても、計算される波動関数は、後で行われる経験的観測について事前確率を与える。何かの観察――粒子が跡を残した、検出装置が鳴った、スピンの向きが確かめられた、位置あるいは速度が測定された――がなされると、実験を行う主体は新しい情報が使えるようになる。この情報を使って、主体はその確率と波動関数を更新する――即座に。しかしそこに魔法はない。収縮は謎ではなくなる。ベイズ流の更新がそれを記述していて、やっと欠けていた一歩が明らかになる。

この過程の進み方は単純だ。一例を考えよう。ニューヨークにいるアリスが二枚のトランプを拾う。一枚は黒、一枚は赤で、それを印のついていない二つの封筒に分けて入れ、封をして、それからシャッフルする。確実に両者が区別できないようにするために、友人のボブにもシャッフルしてもらう。アリスは一方を自分の財布にしまい、残りをボブに渡す。アリスは部屋を出て、オーストラリアに行く。アリスが封筒を開ける前、ボブが赤を持っていると信じる度合いは50%だ。しかしオーストラリアに着いて、自分のカードを見たとたん、地球の反対側にいるボブの封筒にあるのが何かはわかるので、自分の信じる度合いは瞬間的に100%か0%かのいずれかに更新される。他方、アリスのカードはどちらかというボブの推測は、それが何であれ、アリスの行動によっては影響されていない。そこには奇蹟はない。

量子的波動関数の収縮も同じ論理をたどるが一点だけ重大な違いがある。古典物理学の場合、最初から最後まで、因果の切れない連鎖がある。封筒に入れられたトランプのカードという物質的対象は、アリスの財布の中で何らかのメッセージを運んでいる。カードは秘密のメッセンジャーの役をする——赤か黒かというビット値を伴う、物理学者が「隠れた変数」と呼ぶものの例だ。古典物理学では、アリスが知らないために値が隠されているが、原理的には旅の途中で封筒を開けば、いつでもそれを利用することができるだろう。一方、量子力学では、封筒の中にはカードはない。秘密の内容を伝える客観的な仕組みも隠れた変数もない。電子が発射されてから検出されるまでの間には、それがどこにあって、どれだけの速さで進んでいて、スピンがどちら向きかを明らかにする方法は原理的に存在しない。実際に隠れた変数がないということは、実験的に検証でき、また確かめられた主張であって、そのことは後で見る。

私がQBイズムを理解するようになり、確率の定義をもっと良い方へ切り替えるだけで、やっと波動関数の崩壊の意味をめぐる悩みがなくなることに気づいたとき、私はほとんど至福とも言うべき解放感を味わった。「なるほど、そういうことなんだ」と思った。それは予想外の、望外の啓示の甘美な感覚だった——私の個人的なわかった（ヘウレーカ）ぞの瞬間だ。

波動関数収縮を単純な確率の更新として説明するだけではまだ足りないかのように、QBイズムは別の、やはり重要な解明をなしとげる。一九六一年、私が就職した頃、量子論の先駆者ユージン・ウィグナー（一九〇二〜一九九五）は、「ウィグナーの友人の逆説」と呼ばれる悩ましい基礎的な問題を指摘した。この問題は「いったい誰の波動関数か？」とも呼ぶことができるだろう。ウィグナーと友人が一緒に量子力学の実験をしている。二人は自分たちが観察している系、たとえば一個の電子のスピンが、上（アップ）と下（ダウン）として区別される、とりうる二つの向きの重ね合わせにある**キュービット**波動関数で記述されることに合意する。実験が行われ、カウンターが結果を記録する。友人はカウンターを読み、ウィグナーは、装置に背を向けて、実験が終わったことを知るまで待っている。友人は波動関数が「上」の結果に収縮したことを知る。他方、ウィグナーは、測定が行われたことは知っているが結果は知らない。自分が割り当てる波動関数は先と同様、ありうる二つの結果の重ね合わせだが、今や電子の**キュービット**の両極は、カウンターの明瞭な読み取りに対応し、友人が知っている読み取り結果に対応する。しかしウィグナーはまだそれを共有していない。

二人のうちどちらが正しいのか。**キュービット**はもう収縮しているのか、それともまだ重ね合わせなのか。波動関数が実在するもの、あるいは現実の仮定の記述と見られるなら、問題の難易度はバークレー僧正の悪名高い森の中の木についての問い、つまり、森で木が倒れ、誰にもその音が聞こえないなら、それは音を立てるのかという問いと同じだ。答えは何世紀も論じられ、今なお論争を呼んでいる。アインシュタインは旧い権威に頼らず自分で考え、この問題を言い換えた。友人のパスクアル・ヨルダンが回想する。「私たちはよくアインシュタインの客観的実在についての概念を論じた。あるとき散歩をしながらアインシュタインが突然立ち止まり、私の方を向いて、『君は本当に、君が見ているときだけ月が存在すると信じているのか』と尋ねたことが思い出される」[2]。ウィグナーの友人の問題——誰の波動関数、誰の確率付与が正しいか——は、確率の意味を取り上げ、バークレーの問いと同様、論争の的になる。

ＱＢイスト（キュービスト）にとっては何の問題もない。ウィグナーと友人はどちらも正しい。どちらも手に入りうる情報を反映する波動関数を割り当て、それぞれの情報の積み重ねが異なるので、波動関数も違っている。ウィグナーが自分でカウンターを見れば、あるいは結果を友人から聞けば、ウィグナーも自分の波動関数を新しい情報で更新し、二人はあらためて波動関数が収縮したことに同意する。

ウィグナーの友人の問題は、「どちらが正しいか」、つまり、電子の正しい波動関数は何か、という問いが立てられたときに生じた。ＱＢイズムによれば、一義的な波動関数はない。波動関数は電子に帰属して、聖人の頭の上に浮かぶ後光のように載っているものではない。それは行為主体によって割り当てられ、その行為主体に利用できる全情報によって決まる。それは可変で主観的なものだ。要するに、波動関数と量子確率はベイズ的なのだ。

この簡潔な言明——ＱＢイズム宣言——はＴシャツにプリントできるほど短いが、それとともに世界についての新しい考え方を創始する。

12・QBイズム、シュレーディンガーの猫を救う

シュレーディンガーの猫はおそらく世界でいちばん有名な猫だろうが、物理学者がみなそれが好きというわけではない。私はスティーヴン・ホーキングの講義に出たことがあり、そのとき、ホーキングはボイスシンセサイザーの機械的な抑揚で声を上げた。「誰かがシュレーディンガーの猫と言うのを耳にしたら、私は銃に手を伸ばします」[1]。QBイズムの先駆者クリス・フックスも猫は好きではなく、むしろウィグナーの友人の心配をする方がいいと私には言っていた。当の猫が名声のとばっちりを受けている。大衆文化はその話を、あまりに誤解やからかいやただの無意味だらけの物語にするので、たいていの物理学者はこの話を避けようとする。しかし、生まれて八十年になるこの話は、要点を明らかにするのにはやはり効果的なので、私はあらためてそれを復活させる。

設定は次のようになる。ある生きた猫が、どうしてそんなものをと思うような仕掛けとともに箱に閉じ込められる。仕掛けはガイガーカウンター、中性子の照射で放射性にされたばかりの原子一個、ハンマー、毒入りのガラス瓶で構成される。原子がいずれは避けられない崩壊をすると、ガイガーカウンターがかちっと言って電子信号を出し、それがハンマーを動かす引き金となり、ハン

マーはガラス瓶を割って中の毒薬を放出し、それによって猫を殺す。一瞬のことで苦痛もない。

第1問。量子物理学者はこの実験をどう記述するか。放射性原子は**キュービット**によって表される波動関数に対応している。その**キュービット**の、0とラベルされる北極は「そのまま」崩壊していない状態、1とラベルされる南極は「崩壊」した状態を表す。波動関数から推論される確率は0から1へ、よく知られている減衰曲線を描いてなめらかに下降する。当の原子の半減期に当たる時間が経過すると、**キュービット**は赤道に達し、そこでは「そのまま」と「崩壊」が50％ずつ混じっている。その瞬間に原子を観測すると、それが崩壊していることがわかる可能性は五分五分になるということだ。

シュレーディンガーが猫を考えたときには盛んだった量子力学の従来の解釈によれば、**キュービット**の値は（両極を除いて）0と1が混じっていることに注目するのが重要だった。「0または1」なのではない。ヤングの古典的な二重スリット実験は、その違いを非常に強調して示している。干渉が起きるには、光の波がどちらか一方のスリットではなく、両方を通り抜けなければならない。同じことで、**キュービット**球の上の一点は、問題の量子的事象にありうる結果のどちらかではなく両方の重ね合わせを表す。量子の干渉作用はシャボン玉の色として見える干渉と同じく実在のものであり、その記述のしかたとして唯一知られている方法が「〜でありかつ……」の重ね合わせだ。

ここまでは従来の量子力学で異論の余地はない。それが放射性原子の正しい記述のしかたであることは無数の実験で明らかになっている。ごたごたは、干渉を原子から猫へと移すところで始まる。原子の半減期一つ分が経った後の猫の状態は、箱をまだ開けていない場合にはどうなっているか。猫と原子の運命は密接に結びついている——シュレーディンガー自身が英語で導入した刺激的な言葉で言う「エンタングルメント（もつれ）」だ。原子がそのままなら猫は生きている。原子が崩壊していれば猫は死んでいる。原子の波動関数が異論の余地なく重ね合わせだというのなら、猫もそうだということになるように見える。猫は生きていてかつ死んでいるのだ。箱を開けたとたん、逆説は消える。猫は常識の言うとおり、生きているか死んでいるか、いずれかになる。しかし箱がまだ閉じている間は——猫は死んでいて同時に生きている、という奇怪なことをどう理解すればよいか。

シュレーディンガーは、量子の奇妙なところを個々の原子とその波動関数という薄暗い領域から人間の経験という日の当たるところへ引き出すために、この話を仕立てた。二つの領域の違いを脚色して表そうとしたのだ。この九十年間で考案されてきた量子力学のいろいろな解釈は、大部分、猫の筋書きを数学的に精密にすることを動機にして考え出された。

QBイズムは、波動関数の収縮とウィグナーの友人の逆説を処理したのと同じく、この話も難なく片づける。地図と土地は違うのだ。原子の波動関数は当の原子の記述ではない。原子を記述する**キュービット**は特定の行為主体が未来の観測結果に対して抱く見込みをまとめたもので、それ以上でもそれ以下でもない。原子の状態は、観測される前は数学的に定義されるが、実際にそれを観測した後に使う言葉で定義されているのではない。QBイズムによれば、観測されていない原子の状態、あるいは量子コイン、ひいては猫の状態は、ビット値をまったく持っていない。**キュービット**球の赤道上にある点は、現実世界にあるものを表す記号ではない――それはただ未来の観測結果0か1、まだ崩壊していないか崩壊しているか、死んでいるか生きているかについてオッズを与える抽象的な式を代表しているだけだ。

猫は死んでいてかつ生きていると言うのは、コインが空中を舞っている間、コイントスの結果が表でありかつ裏であるとか、競走が行われる前は馬は勝ち、かつ負けているというのと同じく意味をなさない。確率論ははじかれた硬貨の状態を、表になる確率に1/2を割り当てることによって要約している。競馬場の電光掲示板は馬が勝つオッズを並べている。同様に、QBイズムは箱を開ける前の猫の状態は記述せず、それを生死定まらぬ中有に漂うと言われるところから救出する。

この結論のわかりやすい表し方が一九七八年、QBイズムの出現よりはるか前に、理論物理学者のアッシャー・ペレス（一九三四〜二〇〇五）によって考察された。ペレスは猫の話のような物語には、「〜だったらどうなる?（ホワットイフ）」という問いが含まれていることに気づいた。「箱がまだ閉じているときの猫を見ることができたらどうなるか」というふうに。ペレスは量子力学に「ホワットイフ?」の問いは許容されないという結論に達し、「行われていない実験には結果はない」というわかりやすい標語を考えた。古典物理学ではもちろん、箱が開けられる前に箱の中がどうなっているかを想像してもよい。古典物理学の思考実験の結果は、猫は生きているか、死んでいるかいずれかということになる。ところが量子力学では、ありうる二つの状態の一方、状態0か状態1かの系を記述する明瞭な手段がある。そのような記述のための数学の道具が古典的なビット――情報技術で用いられる汎用切替えスイッチ――だ。しかしビットは放射性原子についてありうる波動関数としては使えない。**キュービット**は、量子力学ではビットに代わるもので、測定が行われるまではいかなるビット値も持たない。**キュービット**ではなくビットで原子を記述すると、実験とは甚だしく対立する。

ペレスの表し方は考え方としてはとことんQBイズム的なのだ。QBイズムの説くところでは、波動関数が原子について、あるいは他の量子力学的対象について、未来の実験結果のオッズ以外には何も言わないのなら、行為主体は猫や原子の状態について、先走って憶測する気にはならない。箱が開けられる前の箱の中を見るという行われていない実験には結果はない。憶測される結果さえない。

要するに、QBイズム的解釈によれば、猫と原子のもつれた波動関数は、猫が生きていて、かつ死んでいるということを意味しない。波動関数は、行為主体が箱を開けたときに何が見られると妥当に予想できるかを教えているのだ。

13・QBイズムのルーツ

QBイズムは二十一世紀の新機軸だが、その根源はギリシア時代の原子論にまでさかのぼれる。デモクリトスという、紀元前四〇〇年頃の人物が、「甘いのは習慣により、苦いのは習慣により、熱いのは習慣により、冷たいのは習慣により、色は習慣による。本当は、原子と空虚があるのみ」と教えた。何が甘く、何が苦いか、何が熱くて何が冷たいかについて個人的には一致しないこともあるだろうが、感覚や測定器具が十分に鋭敏なら、物質の粒子があるかないかについては合意せざるをえない。

デモクリトスは、その説によって原子論の父と称される。「実際には、原子と空虚があるのみ」と言われると、権威がありそうではないか。力強く、説得力があり、明瞭だ。原子論宣言とでも言えそうなこの発言は、二千五百年にわたり自然学〔物理学〕についてまわり、小中学校でも教えられる定説となった。リチャード・ファインマンは、その古典となった『物理学講義』の二ページ目で、原子論宣言を自身の言い方であらためて述べている。

何かの災厄で科学的知識がすべて滅び、次代の生物に一つの文だけが伝わるとしたら、最も少ない言葉で最も多くの情報を含む言明は何だろう。私は原子仮説だと思う（あるいは原子という事実でも何でも好きなように呼べばよい）。万物は原子でできている。永遠に動き回る小さな粒子が近づいたときに互いに引き寄せ合いながら、それでもぎゅうぎゅうづめになったら反発し合うということだ。（強調は原文）

私は教壇に立ってからずっと、デモクリトスやファインマンに従って原子論宣言を教えてきた。そのデモクリトスのものとされる先の格言には、長年影響力があったというのに、不完全な引用だったということを知ったときの私の驚きを想像していただきたい。それは実はすべて書き出せば次のようになるささやかな対話の一部なのだ[1]。

知性――「甘いのは習慣により、苦いのは習慣により、熱いのは習慣により、冷たいのは習慣により、色は習慣による。本当は、原子と空虚があるのみ」。

感覚――「あさましい精神かな。おまえはわれわれから、おまえがわれわれを倒す証拠を取り去るのか。おまえの勝利はおまえの失墜である」。

このくだりはまぎれもない原子論宣言とは言えず、自然の認識のしかたがまったく異なる二人の人物の対立を戯画化したものになっている。**知性**によれば、科学は世界を「本当は」どういうものかを記述しようとする。科学的精神は事物の本当の根幹を発見したがっている。この見方に立って、科学者の関心は、木であれ、岩であれ、電子であれ、原子であれ、しかじかの対象に向かう。ここには対象を記述する観察者やその行動の余地はない。科学は客観性を目指す——主観はタブーだ。

しかし**感覚**は自然の記述から感覚を排除することに反対し、**知性**に対して、私たちがこの宇宙について知っていることはすべて、直接にであれ装置を介してであれ、感覚経験から学んでいるという自明の事実に注意を喚起する。あそこにある木は見えるか? それが実際には何かをどうやって知るのだろう。眼で見たり、光学装置の助けを借りたりして、その色や形を発見する。向こうまで歩いていって、それに触れて、樹木の堅さを感じる。花の香りをかぐこともできる。自分の観察結果や他の人が言っていることを読んだりしたことからそれについて知ったことをおぼえることができるだろうが、木と、それについて正確な地図を描こうとする自分の心の間では、つねに自分の個人的な感覚経験が媒介としてはたらいている。木々や岩石の場合についてそうであれば、電子やクォーク、物質や空間や時間についても言えるだろう。

この単純な事実を認識した**感覚**は、科学を左右する**感覚**の役割を**知性**がただの習慣として否定するなら、**知性**が「真実」と呼ぶことにしたものについての唯一の証拠を捨てることになると断じる。

デモクリトス以後何世紀も、哲学者や神学者は、実在とそれについての知覚との関係、そうであることとそう見えることとの関係を深く考え、論考を重ねてきた。しかし物理学者はそういう論争は無視した。デモクリトスのものとされる断片の後半はカットして、主観的影響の話は追放し、観測者なしの純粋に客観的な世界記述だとされるものを構成した。この戦略でうまくやれたのは、物理学者が自分たちの関心を、公転する惑星、落下するリンゴ、ほかからの影響で動くだけの物質の粒子といった、単純で生命のない系だけに厳格に限ったからだった。単純なことだけを問うことによって、単純で、一見すると客観的な答えを発見することができた。

厳密な客観性は何世紀かの間、見事に機能したが、結局このデモクリトスのかけた魔法は、デモクリトスが予見していたとおり、終わる定めにあった。**感覚**は**知性**に対して「おまえの勝利はおまえの失墜である」と警告していた。一九〇五年のアインシュタインの特殊相対性理論は、「絶対時間」と「絶対空間」という、ニュートンによる厳格で直観的には説得力のある足場を崩すことによって、絶対の客観性をものの見事に放棄した。運動を定義するための確固たる背景がなければ、「その車は時速80 kmで走っている」といった言明は意味を失う。静止している警官に対する速さはそうかもしれないが、その警官がパトカーで追跡していれば、測定される値は異なるだろう。力学が意味をなすためには、観測者が、あるいは少なくとも観測者の座標系が特定されなければならない。アインシュタインの重大な解明はまもなく、ただの学問上の重箱の隅ではなく、観測可能なめざましい帰結を伴う重大な洞察だということが示された。ニュートンの**知性**から生まれた堂々たる絶対空間と絶対時間は、アインシュタインによるもっと平凡な相対的な空間、相対的な時間に置き換わり、その方が理論的な予測と実験による測定結果にはるかに良い合致を生んだ。相対性理論は明示的に観測者を導入したわけではないが、少なくとも、自由に選べる座標系は、物理学には欠かせない役割を引き受けることになる。

ありのままの客観性に対しては、波動／粒子の二重性による攻撃もあった。電子は実は、粒子か波動かのいずれかなのではなく、何を問うかや、実験家が自由に選ぶ装置によって異なる特性を明らかにする混成体（ハイブリッド）だ。一九二五年から二六年に量子論が一人前になって登場したとき、デモクリトスの鋭い予言はさらに実現に向かって進んだ。波動関数の導入とともに、物理学者は電子、光子、原子、原子核を「実際にあるとおりに」記述しようとすることをやめた。粒子が本当は一つの速さと一つの位置を持っているのではなく、それを見るために選ばれる方法によって、いずれか一方を持つのだ。

物理学者の視線が実在の世界——疑いもなく存在する——から離れ、その再現へと移るとともに、関心は土地から地図へ移った。事物をその数学的記述から分離することは、量子力学がその親である古典力学から、ほとんど思いもよらず、大きく離脱する元になった。

量子論の先駆者たちは、自分たちの成果の過激な意味を理解していた。ニールス・ボーアは自身で量子力学を考えたわけではないが、その解釈には多大な貢献をしていて、シュレーディンガーが波動関数を導入して三年後の一九二九年にこう書いている。「われわれの自然記述では、目的は現象の現実の本質を開示することではなく、われわれの経験の諸側面どうしの関係を、できるかぎりのところまで解明することだけである」。[2]「現実の本質」はデモクリトスの言う「本当」に対応し、「われわれの経験」は私たちの感覚を指している。本質は客観的で、絶対で、普遍的だ。経験は主観的で相対的で個々の行為主体に固有のものだ。

ヴェルナー・ハイゼンベルクは、調和振動子を行列で扱うことで量子力学を考案し、こう唱えた。「客観的実在という考え方はかくて雲散霧消して数学の透明な明晰さになり、それはもはや粒子の挙動を表すのではなく、その挙動について知られていることを表している」。[3] 物理学は、ニュートン的な科学が想定していたような、この木、この電子についてのものではなく、木や電子に関する観測や実験の結果、私たちの頭で起きることに関するものだとハイゼンベルクは信じた。「もはや」という言い回しは、明らかに古典物理学で認識していたことからの離脱を伝えている。

エルヴィン・シュレーディンガーも一九三一年にはこう言っている。「人は次のような緊急勅令〔超法規的措置〕のようなものを通じて何とかするしかない。量子力学は本当に存在するものについての発言――対象についての発言――を禁じる。物理学の言明は、客観・主観の関係のみを相手にする」。[4] 言い換えれば、量子力学は観測者〔主観〕が自然〔客観〕について考察するときに経験することを記述するということだ。

代々の物理学者は、そのような哲学的な警告はあまり気に留めなかった。「本質」、「問いの方法」、「緊急勅令」、「客観・主観の関係」といったことに関する懸念は、とくに物理学者の心配ごとにはならなかった。新しい量子論が、技術の急速な向上とともに、驚くほど堅牢なツールに組み込まれることもすぐに認識された。原子や原子核のレベルでの物質についての理解はそれこそ一足飛びで進んだ。トランジスターやレーザーといった新しい量子デバイスが用いられ、さらに原子の奥の奥が調べられ、一方ではそれがコンピュータから携帯電話に至る様々な商品にもなった。量子力学は使えたのだ。二十世紀後半の発見・発明ラッシュは、波動／粒子の二重性、重ね合わせ、不確定性、波動関数の収縮といったことに関する哲学的懸念をほぼ脇へ押しやった。

しかし奇妙なところは残る。問題のやっかいな点は、世界の紛争の場合と同じく、境界をどこに置くかをめぐる争いだ。一方には、私たちが自分の五感で捉え、決定論的なニュートン的な言葉で記述するおなじみの世界がある。それは自然の大法則で、少なくとも原理的には確定性によって規定される。他方には不確定で確率による量子の世界がある。そこで問題はこうなる。どこで一方の領土が終わり、他方の領土が始まるのか。

当初、答えは自明に見えていた。量子力学は電子、光子、原子、原子核用に考えられたのだから、量子現象は必然的に、想像できないほどの数がある、とてつもなく小さい対象だらけの微視的世界に限られるという印象が生じた。この誤った印象から、現代物理学が四つの隣接する領域に分かれることが示唆された。非常に大きくて一般相対性理論に支配される領域、非常に高速で特殊相対性理論による領域、非常に小さくて量子力学が支配する領域。この三つの現代的物理学の部門が、もう一つの人間なみの大きさのニュートンが支配する古典的領域を囲んでいる。

しかしその整然とした枠組みは、二つの――一つは実践的、一つは哲学的な――理由で成り立たない。まず、量子効果が見つかる系はどんどん大きくなった。たとえば二重スリット干渉実験は、光子と電子で始まったが、原子やさらにはフラーレンという六十個から七十個の炭素原子で構成される巨大な分子でも再現された。次はウイルスか？ その次は猫か？ 第4章で述べたように、もっと最近になると、超小型とはいえ、ふつうの音叉が量子的挙動を示すことが明らかになった。天文学の方面では、惑星サイズの中性子星が巨大な原子核のようにふるまうことが発見された。宇宙全体さえ、生まれたての頃は量子力学的にふるまっていたと考えられている。明らかに、量子力学が微視的世界のみにあてはまるという考え方は、単純に間違っている。

第二の量子力学を原子や分子に限ることへの哲学的な異論はさらに説得力がある。陸を支配するトラと海を支配するサメについての不満〔第3章〕はここでも成り立つ。土台が異なる二つの理論——古典と量子力学——があって、それを繋ぐのは、「波動関数の収縮」と呼ばれる、奇蹟のような頼りない橋だけということではないはずだ。理論は一つだけで、そこからもう一方の理論が単純な、有無を言わせない論証で導かれるということであるはずだ。私たちは古典的世界にいて、量子力学は近似にすぎないのか、その逆か、いずれかなのだ。

量子の国と私たちの国の間の境界線は係争中でぼやけている。ハイゼンベルクは、それを原子のような、波動関数で記述される量子系と、それを観察する、古典的法則に従う装置との境と考えた。これはこの人の名にちなんでハイゼンベルクの切れ目と呼ばれることもある。ハイゼンベルクは未定義であるのをいいことに、その境をずらして回った——猫あるいは同僚の扱いは、ハイゼルベルクの都合に合わせて、古典的だったり、大きな量子的対象だったりする。がむしゃらで聡明な物理学者ジョン・ベル（一九二八〜一九九〇）はこの種のどっちつかずに感心せず、量子力学の意味に関する論争を、理論家の研究室から実験で決着がつけられる実験室へ下ろしたことで名声を得た。ハイゼンベルクの切れ目については、「ごまかしの分かれ目」と呼んでからかった。曖昧でまともな分析には使えない概念ということだ。

長年の間に、ハイゼンベルクの切れ目は巨視的／微視的、古典／量子、**知性**／**感覚**、客観／主観、確実／不確実、実在／見かけ、物理的世界／観測者、土地／地図等々のような、いろいろな二分割での分け目に適用されている。相変わらず分かれ目はぼやけ、明確に定義されず、ごまかされている。最後には、私と同じ世代で一緒にQBイズムに改宗した、コーネル大学の傑出した物理学者、N・デーヴィッド・マーミンが、議論の終了を提案した。マーミンは、これ以上の議論は無駄に思えるテーマにこれほど大量のインクがつぎ込まれたと言い、議会用語で言う「審議の打ち切り」を求めた。マーミンは二〇一二年、副題で「ごまかしの分かれ目を正す」という意図を宣言する文章を書いた[5]（マーミンは言葉の使い方がうまかった。正す（フィックス）という言葉は修理と固定の両方の意味がある）。QBイズムは、分かれ目の位置を定め、定義するための明瞭で説得力のある説をもたらすとマーミンは論じた。それは確かに、客観的な（外部にある、思考や感覚に影響されない、知覚作用とは別に存在する）ものと主観的な（内的な、知覚された、心に存在する）ものとの境界だ。しかしそれまでの学者が主観的、つまり人間の心に存在すると呼んでいたのとは違い、QBイストにとっては、主観的なものは厳密に個人的なものでもある。それはある特定の人物の心にある。マーミンによれば、分かれ目はそれぞれの主体に個別に属している。

私たちのそれぞれは、（客観的）世界と自身の経験の（主観的）自覚との違いを知っている。私が行為主体であれば、客観的な世界は私の心の外にあるすべて——他の行為主体も私自身の体も含め——である。私しだいで量子力学的に扱い、波動関数で記述してよいことすべてだ。分かれ目の反対側にはもっぱら私個人のこと、私もほかの誰も、客体として扱えないものがある。それは私個人の体験であり知覚だ。それは自分が抱く信念や、将来の経験について行う賭けのための入力となる。それは主観的で、特異的に個人的なものだ。

一般の人とQBイストがシュレーディンガーの猫が入った閉じた箱に出会ったとしよう。一般の人の方は自信をもって「過去の経験からこの猫は死んでいるか生きているかのいずれかであることはわかっています」と断言するだろう。その人はその時点での猫のことを言おうとしているのだろう。QBイストはもっと慎重になって、「この時点で猫については何もわかりません」と言うだろう。「しかし私の量子力学の知識によれば、私は自分が箱を今開ければ、生きた猫がいる可能性は五分五分だと信じます」と。つまり、一般の人々もQBイストも、猫は死んでおりかつ生きているとは主張しないが、QBイストは自分が未来の経験について信じることについて語ることになる。今の猫の状態のことではない。

笑う哲学者とあだ名されるデモクリトスなら、それを聞いて、微笑むだろう。二千年以上を経て、デモクリトスの警告がやっと聞き入れられるようになっている。**知性**は**感覚**を尊重するようになりつつある。

14・実験室での量子の奇妙なところ

量子力学の初期、そこについて回った概念上の問題点は、見るからにこの世のものならぬ雰囲気を備えていた。理論は実践的にはうまくいっていたし、いろいろな逆説は内容よりも形式の解釈に関係するものと見えていたので、物理学者の大半はそれは無視しても大丈夫と思っていた。波動関数の収縮、ウィグナーの友人、シュレーディンガーの猫のような問題点は、思考実験——実験室では再現できそうにないほど練り上げられた理論的練習問題——の領域に属している。収縮しつつあるときの波動関数を捉えることはできない。あるいは猫を見ないでその健康状態を判定することはできない。

しかし思考実験はあっさり退けるべきではない。そのうち現実になることも多いからだ。たとえば二十世紀の初頭、アルバート・アインシュタインが特殊および一般相対性理論を立てたのは思考実験によるが、この思考実験はその後、相当に修正を加えた形で、天文台や実験室に入っていき、歴史に残る成果をもたらした。一九三五年、アインシュタインは、仲間のボリス・ポドルスキー、ネーザン・ローゼンとともに、「物理的実在の量子力学的記述は完全と考えうるか」と題した論文で、再び思考実験を行った。論文の著者（ＥＰＲ）は、ある原子による実験が実際に行うことができたら、そしてそれを量子力学的に記述できたら、奇妙な、矛盾した結論に至ることに気づき、アインシュタインは当時の理解での量子力学の理論に疑念を投げかけた。ＥＰＲパラドックスと呼ばれるこの論証は、物理学の基礎に関心を抱く哲学者、歴史家、物理学者の小さな集団に、活発な、終わりそうにない論争の火をつけた。アインシュタインが一九五五年に亡くなった後、この思考実験が実現するようになった。

ここでは実際の歴史的な進行はたどらない。その後実行されてアインシュタインの量子力学への懸念が根拠のないものであることを示したいくつかの形のＥＰＲ実験[1]は飛ばして、今世紀まで早送りし、ＥＰＲの考え方を、元の例よりも理解しやすい別の実験の設定で解説することにしたい。この実験は、先行例とは違い、細かい統計学的相関の分析や、量子現象でのランダムさの役割には依存せず、量子力学と常識の対立を一発で明らかにする一回の観察に拠っている。

ＥＰＲは二つの一般的な、どちらもアインシュタインが自明と考えた前提が、従来の量子力学は間違っている、あるいは少なくとも完全ではないという結論に至るのではないかと説いた。逆に、量子力学が言われているように正しいなら、二つの前提のどちらかは捨てなければならない。アインシュタインはどちらも捨てることはできず、そのために量子力学がいつの日か完全になることを願うことになった。物理学者はたいてい、ＱＢイストも含め、量子力学は世界についての完備した正しい理論だと信じていて、そのためＥＰＲの二つの仮定のうち一方を捨てざるをえなくなった。

その危機に瀕する二つの仮説とは、「局所性」と「実在性」で、これは古典物理学ではどちらも成り立つ。

局所性とは、アインシュタインの言う「気味の悪い遠隔作用」がないことを言っている。局所的な理論とは、信号などの物理的作用は無限の速さでは伝わらないという条件下での理論のことを言う。信号は空間内の点から点へ、ドミノのように次々と伝わるもので、その速さは光速を超えることはありえない。ニュートンの重力は瞬間的に伝わる遠隔作用で、局所性の原理をものの見事に破っているので、この原理を遵守する一般相対性理論に取って代わられた。

量子力学で局所性の違反が起きる状況は二つあるらしい。波動関数の収縮は、先に見たように非局所的過程で、QBイストは、確率は物理的実在というより信じ方だと解釈することによってそれを説明する。EPR型の実験はそれと似ているが、局所性違反の形はまた別のものに見える。EPRは、ある場所である物理量を測定すると、瞬間的に、あるいは少なくとも超光速で、遠くでの別の測定結果に影響を及ぼすことが示せると説く。マジシャンはその種のことを念動（テレキネシス）と言う――物体を思念の力だけで動かす技のことだ。アインシュタインはそういうことを気味が悪いと考えた。

ところが、そのような作用の実験を実際に行った結果は、一部の物理学者がこの世界は確かに非局所的だと信じるようになるほど驚くべきものだった。宇宙は一体となって繋がったもので、遠くでくすぐられてこちらで身を震わせるというのは、詩的な考え方としてはあるのだろうが、それを否定する方が、これまで物質宇宙の仕組みの理解のしかたとしてははるかに有効だった。

EPRの根底にある第二の自明とされる前提は、それほど見やすくない。「実在論（リアリズム）」という言葉を、私はもちろん文学、美術、哲学でのリアリズムではなく、科学的リアリズムのことを指す言葉として使う。しかし、権威あるネット上の『スタンフォード哲学百科事典』にある、百八十本の参考文献が挙げられ三十ページにも及ぶ「科学的実在論」の項を参照すると、がっかりする但書がついている。「科学的実在論は、それを論じるすべての著者ごとに規定が異なると言っても、たぶん大した誇張にはならないだろう」。あちゃあ。

あらためてアインシュタインの素朴な知恵に依拠して、実在論を、月は誰も見ていなくてもそこにあるという仮定のことだと定義してみるといいかもしれない。もっと一般的に言えば、それは対象が測定や観察とは無関係にもろもろの物理的特性を持っているという仮定のことだ。さらに進んで、「リアル」とは、測定、観察、また思考や意見にさえ影響されないことだとしてもいいかもしれない。ＥＰＲは実在をこう定義した。「系をいっさい乱すことなく、確定的に、ある物理量の値を予測できるなら、その量に対応する実在の要素が存在する」[2]。

この仮定が実際にどう機能するかを見るために、天文観測を考えてもいいだろう――望遠鏡で覗いても、確かに系を乱すことはない。ガリレオが木星の衛星を発見したとき、懐疑的な天文学者は、それは当時用いられていた原始的な望遠鏡に生じた人為的なもの――レンズの反射かでこぼこでできた不規則な像――だと思った。実際、見えるのは空の巨大な惑星のそばの小さな点で、あるときは三つ、またあるときは四つと変化し、その位置も夜ごとに変化するらしかった。しかし結局のところ、規則性が確かめられ、見えなくなるのは衛星が惑星の正面か背後を通るからだという説明がつき、衛星が観測される位置を予測すると、確かにそのとおりになった。そのとき以来、木星の衛星とその天空での位置は実在の要素となった。

ＥＰＲが説いたことをまとめよう。「量子力学は局所性と実在性が同時に成り立つという仮定と相容れない」。アインシュタインとともに、あくまで両方が成り立つと主張するのであれば、量子力学の欠陥を見つけなければならない。これは驚くほど漠然とした説だ。物理学の予測はたいてい、もっと特定の、もっとささやかなもので、こんな感じになる。このボールを１・２ｍのところから落とせば、０・５秒で地面に当たる。それと比べると曖昧で漠然とした哲学的前提を伴うＥＰＲ説だが、まさしくそれを立証するための実験が行われた。

ここではそのような実験の一つを、それに伴う実際の実験装置の細かいところは省いて、**キュービット**を用いて解説する。さらに、それは光子について行われた実験だが、ここでは電子を用いて述べる。物質的粒子である電子の方が光子より少しでも直観的に捉えやすいからだ。**キュービット**の魅力は、量子系の二つの状態を簡潔に記述できるところだ。光子がとりうる二つの偏光状態でもよいし、任意の軸上の二つの向きのスピンをとりうる電子でもよい。

始める前に、分析で効果的な役割を演じる論理装置を紹介しておかなければならない――推移律という概念だ。推移律と言っても常識的なことにすぎない。アリスとボブの眼が同じ色で、ボブとチャーリーの眼が同じ色なら、アリスとチャーリーの眼の色も同じにならざるをえない。「等しい」という関係は推移的だ。Ａ＝ＢでＢ＝Ｃなら、常識からしても論理としても、Ａ＝Ｃとなる。量子実験に必要な推移的関係は、方向の幾何学的特性に関係している。ＡとＢのスピンが同じ方向を向いていて、ＢとＣについても同じことが言えるなら、ＡとＣも必然的に同じ方向を向いている。

しかし電子のスピンは一度に一つの軸上でのみ測定できることを忘れないようにしよう。

ＥＰＲ、**キュービット**、局所性、実在論、推移律で、パズルのピースはすべて用意できた。

これから私が述べる単純化して理想化した実験は、ダニエル・グリーンバーガー、マイケル・ホーン、アントン・ツァイリンガー（ＧＨＺ）によって、一九八九年に現実的な形で提案され、二〇〇〇年に行われたものだ。これは、準備、測定、予測、分析という四段階で進む。

準備

三つの電子が非常に接近させられ、「もつれた」状態と呼ばれる非常に特殊な状況に押し込まれる。そのスピン波動関数は三つの**キュービット**をひとまとめにしたものだ。三つはそれぞれ矢印で表され、それぞれが上下方向か横方向での測定結果に対応する。この電子は互いに近隣にある間は観測されず、そのスピンも測定されない。

実験の決め手となる、技術的にもハードルが高いこの予備的段階の後、電子は三か所の大きく離れた地点へと飛んでいき、そこで三つの別々の検出装置がそれぞれのスピンを観測する。状況はこんなふうにセットされている。三つのスピンのうち二つが同じ横方向を指すときは、残りの一つは上下方向で測定され上を指す。他方、二つの横方向のスピンが互いに逆向きだったら、第三の上下方向のスピンは下となる。右、左、上、下をＲ、Ｌ、Ｕ、Ｄと表記すると、ありうる観測結果は、ＲＲＵ、ＬＬＵ、ＲＬＤ、ＬＲＤしかない。記号で表すと、（→→↑）、（←←↑）、（→←↓）、（←→↓）となる。三つの電子はどれがどれでもいいので、それぞれの括弧の中の矢印の順番はど

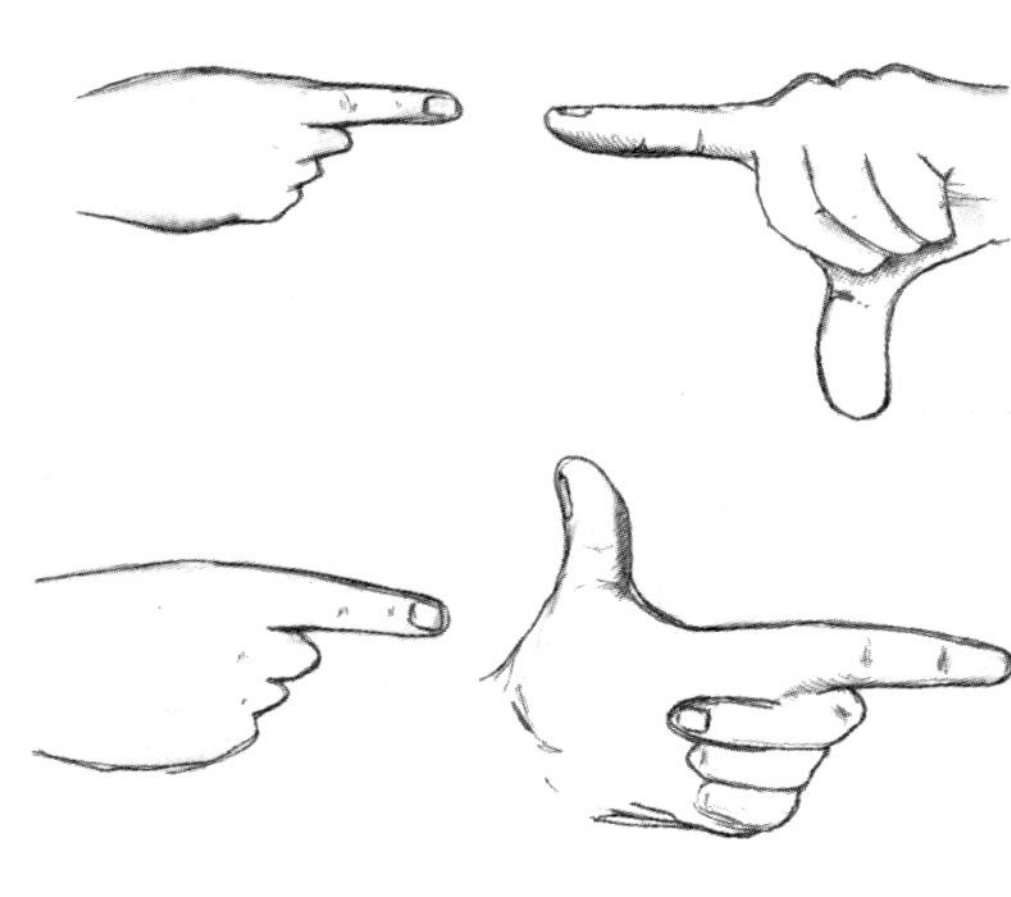

うでもよく、後ろの二つの可能性は、実際には同じことだ。

この方式を覚えるのに役立つ暗記法がある。あなたの二本の人差し指が同じ横方向を指すなら、両者は「一致」で、どちらかの手の親指は「上」を向く。二本の人差し指の横方向の向きが逆なら、両者は「不一致」で親指は「下」を指す。

この準備が整っていることは、毎度新たな電子の三つ組を作り、横向きの検出器二台、上下方向の検出器一台によって、何度も確かめることができる。これは堅牢にできている。どの二つの測定結果からも、第三の結果は確定的に予測され、EPRの言い方なら、その測定対象は「実在の要素」と呼ばれたことだろう。このありうる結果に対する制約を、「GHZ則」と呼ぶことにする。実験全体を通じて、三つの電子について同じ準備が行われる。

測定

このように準備をした後、もつれた電子が別れ、スピンに関する測定が遠く離れた検出装置で行われる。しかしこのとき、検出装置は「準備」のときに確かめられたのとは違う方向に向けられている。具体的には、三つの検出器すべてが縦方向だけを測定するように変えられている。最初の二つの結果はＵＵ、ＵＤ、ＤＵ、ＤＤが混じる。ＵＵ事象だけが記録され、ほかは無視される。

予測

第三の検出装置はどうなるだろう。第一がＵということは、電子2と3の横方向のスピンが測定されていれば、一致することを意味する。第二がＵということは、電子1と2の横方向のスピンが測定されればやはり一致していることを意味する。推移律によって、また常識によっても、これは電子1と2が一致せざるをえず、したがって、第三の電子の上下方向のスピンは「(親指(サム))アップ」となることを意味する。

要するに、古典的な予測では、三つの検出器はＵＵＵとなるはずだ。

他方、量子力学はまぎれもなく、ＵＵＵは禁じられ、許容される結果はＵＵＤしかないことを予測する。この予測はＧＨＺ波動関数から直接に出てくるが、それ以上にうまい説明ができない。肝心なのは、それが実は実験で確かめられているということだ。慣れていただくしかない。

ＵＵＤという結果は歴然とした、明瞭で、否定できない戦闘開始の号令だ。ほかのどんな単独の観測よりも見事に、思考の転回が必要であることの合図となっている。

分析

量子力学は常識に勝った——そこで局所性と実在論にとってそこから導かれることを検証しなければならない。EPRによれば、この両者が確立した法として存続することはありえなくなる。

まず、実在論の方を堅持することにしよう。ある対象の特性が実在だというのは、その対象がその特性を持っている場合だ——その値が測定に先立って存在し、観測はそれを明らかにするだけという場合であって、測定がそれを生み出すのではない。第11章のアリスとボブの封筒の赤と黒のカードを思い出そう——それは実在で、封筒を開ける前から存在している。そこでスピンの向きも電子の実在する属性だとしてみよう。また、量子力学の法則に反して、上下方向と横方向のスピンの値が個々の電子に、GHZ則に必ず従って、同時に付与できると想定しよう（RRU、LLU、RLD、LRD）。

この仮定の下で、実験のはじめには電子を一緒に集め、スピンを操作し、あらかじめ付与しておく。二つの割り当て方（とその鏡像）だけが課されている規則に従う。先の記号方式で言えば、矢印の対はそれぞれ一つの電子が、（同時にとっている）上下方向と横方向のスピン値を指す（あらためて念を押すと、量子力学は、とくに不確定性原理は、横方向と上下方向のスピンを同時に測定することを禁じている）。許容される状況は次の構成だけだ。

↑→，↑→，↑→ と、その鏡像 ↑←，↑←，↑←

あるいは、

↓→，↓→，↑← と、その鏡像 ↓←，↓←，↑→。

四通りの割り当ては確かにＧＨＺ則に従っていることを確かめていただきたい。

他の割り当て方はすべてＧＨＺ則には沿えない。たとえば、Ｕの測定結果が二つ現れる次の割当て方について、どこでこの規則が成り立っていないかわかるだろうか。

↑→，↑→，↓→ とその鏡像 ↑←，↑←，↓←

あるいは、

↑→，↑←，↓← とその鏡像 ↑←，↑→，↓→。

どうしてこの結果になるか、詳細が知りたければ、↑から始め、ほかがどういう構成になるかを、ＧＨＺから外れないようにして、組み立てればよい。すぐに、あらかじめ指定されたスピン値では、ＵＵＤという観測される結果は再現できないことが導ける。できるとすれば、気味の悪い作用に訴える場合だけだ。最初にＵＵとなった二つの測定結果が、どうにかして最後の測定結果に遠方から作用して、量子力学では正しく予測される結果のDになることを余儀なくする。あくまで実在論を採るなら、局所性が破られるということだ。

逆に、実在論をあきらめる（QBイストはそうする）と局所性は維持できる。この場合、電子はまず、ある局所で相互作用して、GHZ則を組み込んだ量子波動関数で表される、からみ合う三つ組をなしている。波動関数は実在ではないので、実在の事態が先の小さな矢印の記述のとおりだと言っているわけではない。波動関数は、GHZ実験の結果を、準備段階でも測定段階でも正しく予想するキュービットで構成される巧妙な数学的構築物だ。

GHZ実験は「行われていない実験に結果はない」というペレスの格言の見事な例示となっている。古典物理学と量子物理学の矛盾がもたらされるのは、私たちが実験の最終段階で横向きのスピンに、それが測定されていなくても明瞭な値があるものと想定した場合でしかない。ペレスの警告は、一つの電子に、↑→のような記号で表せる二つのスピンの向きを同時に割り振ることを禁じている。

GHZ実験を隠れた変数を用いて分析してみよう。この変数は封をした封筒の中にある赤と黒のトランプのような、隠されたメッセージを伝える。量子力学の予測の多くは――アインシュタインが希望したように――局所性も実在論も犠牲にすることなく説明できる。情報を伝える、未発見の属性の存在を仮定するなら、量子力学の大部分を、その属性の値を調節することによって再現できる。たとえば、GHZ実験では、この方針は準備段階全体でうまくいくことになる。GHZ則は上下のスピンと横のスピンを、同時に測定はできなくても、同時に割り当てることはできる隠れた変数とみなすことによって満たすことができる。GHZ実験では、量子力学、局所性、実在論は、二つの検出器が横方向を測定し、第三の検出器が上下方向を測定するという条件の下で、隠れた変数と問題なく共存している。

GHZの要は、三つの検出器がいずれも上下方向を測る場合、どう頭をひねっても、量子力学と常識とがまっこうから矛盾するのを――隠れた変数の仮説を立ててさえ――避けることはできないという巧妙な発見だ。封をした封筒の中のカードのような隠れた変数は、どんな実験でも、測定と測定の間に起きていることについて、切れ目のない、信用できる筋書きを古典物理学が語れるようにする。それができることによって結局、私たちが観察によって証明していなくても現実に起きていることを理解しているという主張に行き着く。それはつまり実在論の仮定だ。しかし量子力学は、そのような筋書きを放棄せざるをえなくする。行われていない実験に結果はないというアッシャー・ペレスの訓戒は、結果をでっちあげようとすると困ったことになるという警告をしている。

GHZ実験はQBイズムの正しさを証明するわけではないが、QBイズムは、EPRの類の実在論を捨てることによって、気味の悪い遠隔作用を避けるための単純で説得力のある方法をもたらすことになる。

15・物理学はすべて局所的

量子力学はあからさまな遠隔作用は含んでいない。たとえばGHZ実験では、波動関数は三つの電子のスピンを記述する三つの**キュービット**の組み合わせでできている。この表し方では位置と時刻さえ出てこず、遠隔作用という言い回しにある「遠い」といったことはどうでもよくなる。逆に、ニュートンの立派な万有引力の法則は、私が移動すると私があなたに及ぼす引力も同時に変化すると言い、瞬間的に伝わる遠隔作用のあからさまな例となっている。しかしGHZ波動関数をどう用い、それで何をして、それをどう解釈するかによって、遠隔作用があると信じることになるかもしれない。波動関数が実在すると主張するなら、検出器は何らかの形で互いに遠隔通信をしなければならないという結論を余儀なくされる。何せ遠くの測定結果に依存する結果が引き起こされるのだ。そのような気味の悪い作用がどのようにして生じるのかは、ニュートンにとっての重力による引力と同じく謎に見える。

アインシュタインの特殊および一般相対性理論は、物理学からあからさまな（暗黙の場合はともかく）遠隔作用を追放した。政治はすべて地元（ローカル）にあるというアメリカの立派な格言を敷衍すれば、根本的に、物理学はすべて局所的(ローカル)なのだ。

リチャード・ファインマンはこのことを痛感させる巧妙な手を考えた。原子にある電子は通常の電気力——原子核に向かう引力と、電子どうしの斥力——を受ける。大まかな、古典の理論では、その力はニュートンが重力を記述したのとまったく同じ遠隔作用で記述される。逆の電荷は引き合い、同じ電荷は反発し合う。これは初期の量子論で原子の波動関数を導くのには十分な近似だった。しかしその後、電気と磁気の相互作用そのものが量子化され、電子だけでなく、両者間の力も量子力学の法則に従うことになった。この任務をこなした理論は、二十世紀半ばに仕上げられ、ふさわしくもQED〔数学では「証明終了」の意になる〕という略語となる量子電磁力学(クオンタム・エレクトロダイナミクス)であり、これが量子力学と古典的な電磁気学を合体させ、光子と電子のふるまいを恐るべき正確さで記述した。本書の第8章では、その成果の一つとして電子に生じる磁気の強さに触れた。

この理論は実験結果との一致が向上するように仕上げられるうちに、複雑さも急速に増した。その後、濃密な計算を大量に必要とするようになり、どうしても誤差が入り込む結果になった。手間を省く仕掛けを鋭く見抜く目のあるファインマンは、方程式に共通のパターンがあるのに気づいて、図を用いたわかりやすい言語を開発する気になった。それは量子力学の計算の数学的速記のようなものだった。この「ファインマン図」はごく単純なので、物理学者は数学の奥に埋もれる難解なところをレストランの紙ナプキンにでもさっと書きつけて図解できる。しかし同時に、図にあるすべての直線と波線は、図を式に移し替える詳細なレシピによって裏打ちされる。ファインマン図はまもなく、世界中の素粒子物理学者にとっての普遍的な記号言語——国際共通語——になった。

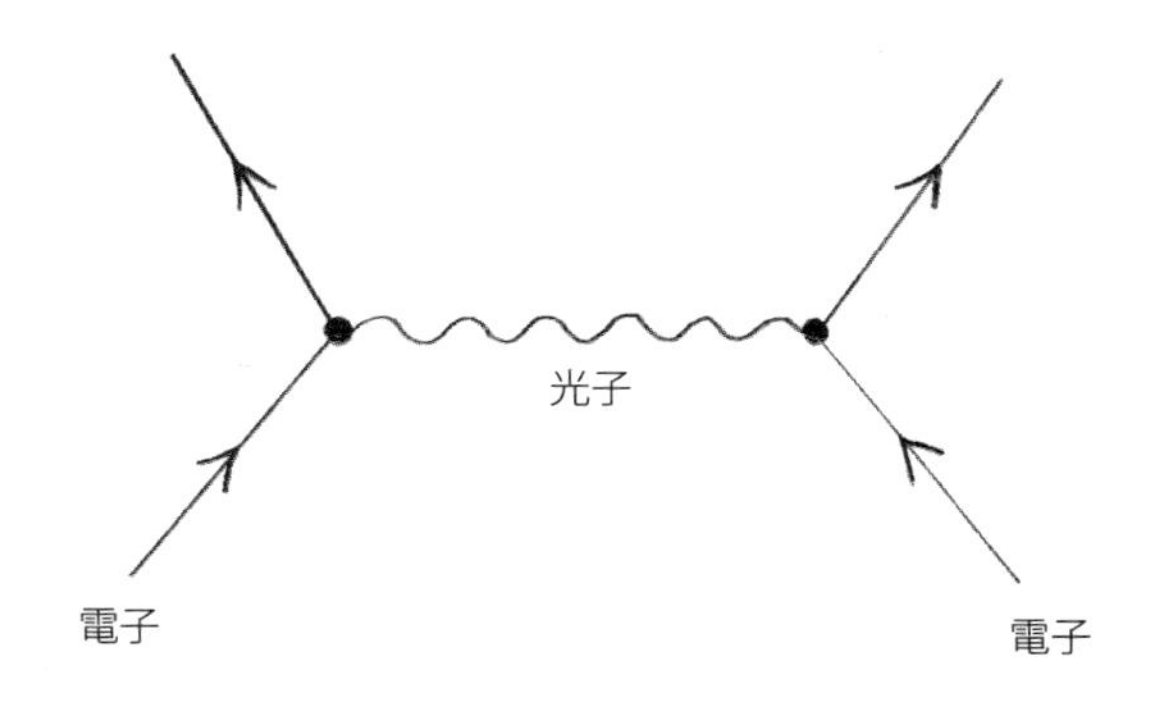

私が解読のしかたを習った最初のファインマン図は、二本の実線と一本の波線からなるもので、二つの電子がどう反発し合うかの簡単な推定を表すものだった。二つの電子に作用する電気力は、距離を置いた電荷間に斥力が作用するという形ではなく、一方から発射された光子がすぐに相手に吸収される結果として扱われる（この作用は、二人のアイススケーターが勢いよくキャッチボールをしているときに感じる見かけの斥力になぞらえられる。投げたときの反動と受けたときの衝撃が、二人を引き離す作用をする）。このような図では、時間は上に向かって進み、電子が近づき、反発して離れるという動きが読みとれる。波線の端の二つの黒丸それぞれは、物理的な相互作用が生じる空間の特定の位置と時点を表す。もっと精密な推定は、もっと複雑な図で表され、実線と波線の蜘蛛の巣のようなレース模様になる。内部の合流点がそれぞれ黒丸で記される。四本の端が途切れた線が、入ってくる電子、出ていく電子を表す——それ以外は現実の蜘蛛の巣にあるのと同じようにしっかりと繋がっている。図の内部には端がとぎれているところはない。

ファインマンの図の表し方は後に拡張され、他の粒子、たと

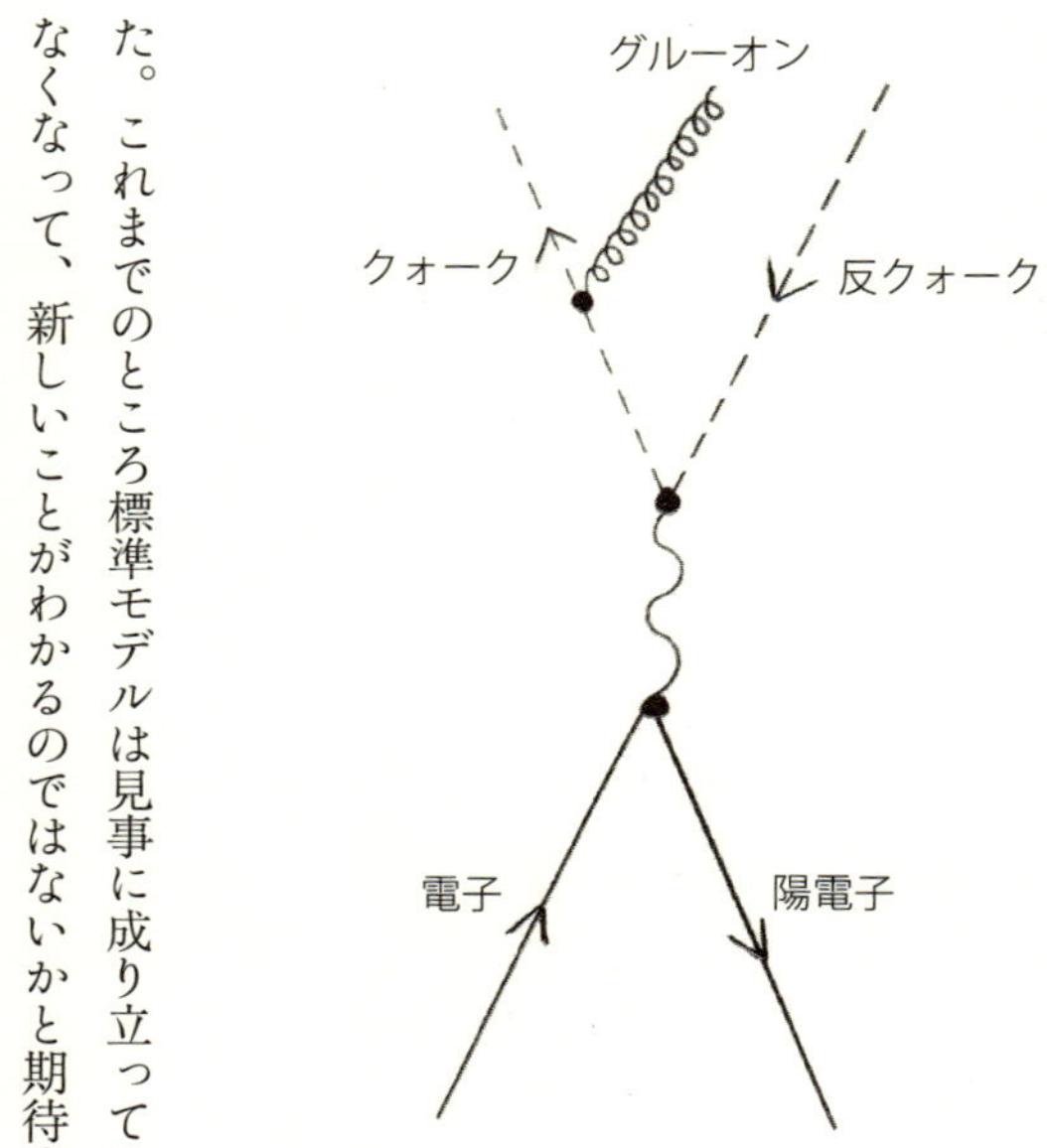

えばニュートリノ、クォーク、グルーオンや、最近発見されたヒッグス粒子なども含められるようになった。新たな規則や新たな図解の約束事も決められた。もろもろ合わせた理論全体が実験室で確かめられ、素粒子物理学の標準モデルという堂々たる名で通用するようになった。教会の大聖堂ほどもある装置、物理学者と技術者の大集団、何年もかかる作業、何億ドルもの費用が標準モデルを調べるために充てられた。これまでのところ標準モデルは見事に成り立っているが、物理学者はこれがいつかは成り立たなくなって、新しいことがわかるのではないかと期待するのをやめない。

二十世紀後半に行われた無数の実験を表す図すべてに共通の顕著な特色がある。それは外側の線は一方の端が黒丸で、内側の線はそれぞれの端が黒丸になっていることだ。それは、この理論的装置全体の中での個々の相互作用が時間と空間の中の一点で起きていることを意味する――つまり厳密に局所的に生じる。量子力学の数学的形式は明示的に局所的なのだ。

局所性は、日常経験と現代理論物理学とアインシュタインの直観がたまたま見事に一致する、世界についての稀な特色の一つだ。

数学についてはそこまでにしておこう。根底にある方程式が厳密に局所的だという結論は、やはり解釈に疑問の余地を残す。アインシュタイン、ポドルスキー、ローゼンが言っていたことは、あくまでも局所性を守り、量子力学を救いたいなら、実在論はあきらめなければならないことを意味していた。[1] QBイズムはもちろんそのとおりにするが、問題は残る。QBイズムによれば、相互作用が生じる地点、ラテン語で言うloci（ロキ）〔複数形。単数はlocus（ロクス）、局所的＝localの語源〕はどこにあるのだろう。何と言っても、ファインマン図の黒丸は時空にある実際の点ではなく、可能性を計算するための数学的な仕掛けにすぎなかった。要するに、QBイズムによれば、どこでことは起きているのだろう。

この問いへのQBイズムの答えは、従来の答えとは違って意外なものになる。デーヴィッド・マーミンは、当初からのQBイストであるフックスとシャックとともに、こう説明する。「QBイズム量子力学が局所的なのは、それの目的全体が、一個の行為主体が、自分の個人的経験内容について自身の信じる度合いを編成できるようにすることだからだ」[2]。個人的経験は行為主体の頭の中に記録される（ロキを与えられる）。それは時間の中で互いを追いかけるが、遠く離れた場所では同時に起きることはない。それは局所的（ローカル）なのだ。それぞれの関係はニュートンの重力理論における二通りの質量がつながるというのとは根本的に違っている。QBイズムでは、一方の物体が動くときに、遠く離れた物体が変化を感じるとは言えない。QBイズムは一個の行為主体の経験のことしか言わないからだ。

ＧＨＺ実験が要点をわかりやすくする。アリスという名の主体が三つの遠く離れた検出器の一つを操作するとしよう。過去の経験から、アリスはＧＨＺ則にまとめられる三つのスピンの相関について理解している。アリスが持っている検出装置は、三つ組電子のうちの一つについて上下方向のスピンを測定し、結果が「上」になるのを見る。するとアリスに第二の検出装置を操作するボブから電話がかかってきて、やはり「上」だと伝える。アリスが従来型の量子力学者なら、ここで古典物理学か量子力学かいずれかによって、第三の検出器を見ているチャーリーの結果について予測を立てることができる。しかしアリスがＱＢイストならそうはしない。この場合にアリスにできる最大のことは、「チャーリーから連絡があったら、チャーリーは結果は『下』だったと言うことを私は確信している」というところまで。実際にチャーリーがそうすると、アリスは古典物理学は間違っているという結論を出す。アリスは結果について、量子論が機能する事実を超えて「説明」することはできないが、それについて気味悪い話をしようとはしない。フックスらによれば、アリスにとっては、「非局所性の問題はまったく生じない」のだ。

16・信じることと確定性

量子力学について、アインシュタインは三分の二は正しかった。アインシュタイン、ポドルスキー、ローゼン（EPR）論文は、この理論は、今日知られている形では、局所的かつ実在論的な自然の記述とは解釈できないと説く。局所性の方は、アインシュタイン自身の特殊相対性理論から要請される。アインシュタインが道を誤ったのは、物理的な実在論のようなものに執着した点だけだった。

ＱＢイストを含め、たいていの人々は、アインシュタインの、実在世界があるという直観的で常識的な感覚を共有している。逆に、心や思念だけがあるという人々に対しては、辞書編纂家のサミュエル・ジョンソンが、大きな石を蹴飛ばして見せ、「私はこうやって論駁する」と大声で言って断固否定している。その力強いボディランゲージは実際には何も証明していないので、帰謬法（アド・アブスルドゥム）（不条理に訴える論証（背理法とも））をもじって、帰石法（アド・ラピデム）（石に訴える論証）と呼ばれている。「即却下（ボールド・ディスミサル）」ともいう。しかし実感による表現としては、ジョンソンの派手な身振りには一定の本能的な訴求力がある。

問われていたのは、現実が存在するかというより、時代を経て学者たちを悩ませた問題の複合体

――私たちは現実をどう認識するか、それとどうやりとりするか、どう表現しようとするかということだった。量子力学がそのような問題に口出しするようになるまで、物理学者は人間の知識の方法や限界について考えるのを何とか避けて通り、物理学の外のこと（メタフィジックス）は形而上学者（メタフィジシャンズ）に任せてすませていた。アインシュタインとEPR論文の仲間が、少なくとも実在という言葉の意味を精密に明らかにしようとしたことは、その定義が結果的にあまりに狭すぎたとしても、やはり功績だった。EPR論文の後、アインシュタインの手紙から「実在の要素」という言い方が消えるという事実から判断すると、[1]どうやら、アインシュタインはその結論に自分で達したらしい。しかしその定義には簡潔さという長所があり、しばらくアインシュタインにとっても十分だったので、私たちが議論の的を絞る助けになる。

EPRによれば、「どんな形でも系を乱すことなしに、確定的に（つまり確率1で）、ある物理量の値を予測できるなら、その量に対応する実在の要素が存在する」。この有名な定義は、「〜なら……」の類の論理式に収まっているが、前提にも結論にも、ともに異論の余地がある。前提は、予測が繰り返し当たるとそれは確定的になることを意味する。それは個別から一般へ進む帰納法による論証の例だ。ところが帰納には論理的含意〔前提から必然的に結論が出てくる〕ほどの力はない。これまで見たスワンがすべて白だったという事実は、すべてのスワンが白いことの証明にはならない。何十億年もの間、太陽が毎日昇ってきたという事実は、これからもずっとそうなることの証明にはならない。実際、天文学者はいつかはそうならなくなると断言する。[2]

EPRの定義の結論部分は、「確定性」よりもさらに実体の伴うものへと進もうとする。確定的に言えるものなら、それは実在すると考えられる――当該の「物理量」を担っている、何らかの客観的な物理的機構が現実の中にあって、すべての予測がそのとおりになることを保証すると考えられる。しかし見かけは――強固で予測できる見かけでも――必ずしも根本の客観的真理を明らかにするわけではない。日常の世界は、科学の世界も含めて、持っている確信の根拠にするための錯覚、幻影、自己欺瞞、ただの誤解に満ちている。インターネットで唖然とするような例がいくつも見られる錯視画像は、事実と知覚の間にずれがあることの説得力ある例となっている。

ベイズ確率は、個人的な判断を修正、改善することを強調して、確定性の意味に別の効果的な解釈をもたらす。「確率が1となる」は注意して検証しなければならないという気配は、ベイズの法則の形式そのものに備わっている。新しい情報を得ることが、因子をかけることによって事前確率を事後確率に変えるということを思い出そう。しかしかけ算をしても変わらない数が一つだけある――0だ。0に有限のどんな数をかけようと、結果は0。ある行為主体が事前確率を0にする、つまりその事象はありえないとか、その命題は偽であると評価したら、どれほど追加の情報があろうとその確信を動かすことはできない。

同じ運命が事前確率1にも降りかかることは、命題をその否定に置き換えるだけで証明できる。「リンゴを離すとそれが地面に落下する確率はいくらか」（事前確率1）と問うのではなく、「リンゴを離すとそれが落下しない確率はいくらか」（事前確率0）と問えば、前段落の推論があてはまる。

ベイズの法則は、要するに、確定していることはそのままにする。これは、事前信頼水準を更新するものとされる新たな証拠が強力だった場合には、「それでも信頼水準がほとんど変わらないという」

問題が生じるかもしれない。

　ベイズ統計学者はこの欠点を、単純な仕掛けで回避する。数学的、論理的に確定している場合以外は、0と1の確率をほとんど0、ほとんど1に置き換えて、そこから先へ進む。数学者のデニス・リンドリーは、事前確率0と1を避けるために、「クロムウェルの差止め規則」という名を考えている。参照されているのは、オリヴァー・クロムウェル（トマス・クロムウェルではない）〔オリヴァーはエリザベス一世朝の軍人、トマスは少し後の清教徒革命期の政治家〕から、スコットランド教会総会に宛てて、あなたがたの確信を「神の御意思と御心」によって定められた不動の真理と正当化することによって自らを追い込まないようにと請願した手紙だ。そこでクロムウェルは強調として、忘れがたい特異な言い回しを用いる。「キリストの衷心より、自らが間違っていることがありうると考えていただくよう願い奉ります」。このクロムウェルの規則は、科学の企ての特徴となる、あるいはそうなるべき、謙虚さ、開けた心、懐疑を訴えるものだ。

　ＱＢイストもクロムウェルの請願に従うが、ベイズ統計学者とは大きく異なる従い方をする。数そのものを変えるのではなく、「確定」の解釈を修正するのだ。**キュービット**のような波動関数は確率の値が1と0になることを許容するので、ＱＢイストはその値を解釈しなおす。行為主体が事象に確率1を割り当てる場合、それは何を意味しているのだろう。ベイズ確率の脈絡では、それが意味するのは、その行為主体がくだんの事象が起きることを非常に強く確信していて、事象が起きた場合に一ドルがもらえる券に、一ドル未満であればいくらでも払うということだ。そのことは、同じ事象に対する、あるいは現実世界の実際の構成をめぐる他の人の確率の割当てがどうなるかについては何も言わない。

クロムウェルの規則と言えば、私の入門コースの講義に出ている学生のほとんどが共通に持っているらしい誤解のことが思い起こされる。私が数字0.999…という数は、「…」が同じ数字の繰り返しを表すとして、1という数に限りなく近いと言うと、学生は同意する。しかし私がさらに、「それは1よりごくわずかでも小さいと思うか。つまり、0.999… < 1と書くことは数学的に正しいか」と尋ねると、その答えはおおむね「正しい」となる。

そこでそうではないのだと私は反論する。「ごくわずか」とは、数学的に受け入れられる言葉ではない。先ほどの問題に対する正解は「正しくない」で、0.999… = 1となる（納得するには、1÷3を筆算で計算すれば、1/3 = 0.333…で、両辺を三倍してみればよい）。

数学の初心者は1でも、あるいは他の多くの数でも、小数表記は二通りにできることを知って、たいてい驚く——その人が頭を一気に無限大に進めてまた戻すという考え方ができるなら。いつまでも終わらない9の列を想像する、つまり数学者の言う極限をとるという処理は、コンピュータにはできない頭の中での飛躍だ。実際の計算は、手計算でも電子的でも、無限に並ぶ数字をどこかで打ち切り、0.999 < 1のような正しい不等式に達する。こちらにはどこまでも反復する小数点以下の数字はない。

1 = 0.999…という等式は、確定の扱い方に三通りあることを思い出させる省略表現のようなものとして役立つ。左辺は自分の指と同じくらい現実で具体的だ——それは絶対的に確定していると思っている推測を表している。それはEPRによれば、実在の要素によって保証される。単純で現実であり有限だ。右辺は、ほかならぬ無限の概念と同じくつかまえにくい抽象概念で、QBイストの確定の解釈をわかりやすく説明する助けになる。小数点以下、どこまでも続く数字は、0と1の間にある実数すべてと同じ外見をしており、その実数はすべて確率を表すのに使える。象徴的には、0.999... という表記は、両者が本当は同じ数なのに、EPRが数1の方に与えた特殊な身分を奪うのだ。確定の第三の考え方は、点々を外し、等式を近似式 1 ≈ 0.999 に変えること。これがクロムウェルの規則を表す。つまり、確定と言うと何の問題もないようだが、1、0.999...、0.999 という三つの表し方はそれぞれ、EPR、QBイズム、ベイズ統計学者によるそれぞれに違う確定の概念の解釈を表すメタファーとして使える。

QBイズムによれば、確率1と0の割当ては、主体が個人的に信じることで、現実世界についての発言ではない。この驚くべき結論は、0と1の割当てを他の値の確率と同列に並べる。EPRによる実在の定義とは逆に、1に近い確率と1に等しい確率の間に質的な飛躍はない。不確定から確定への量子跳躍もないし、克服すべき巧妙な分離もないし、憶測が突然に事実に変わることもない。リンゴから手を離すとそれが落下すると私が信じている度合いは、数字で言えば、明日雨が降ると信じる度合いよりもずっと大きいが、二つの判断は、数値的にはまったく違っていても、質的には同列になる。

この認識がQBイズムの過激な帰結の一つで、たぶん、「物理学者が最も受け入れにくいQBイズムの原理」[3]だろう。その昔、スコットランド教会総会の議員たちは、自分たちの判断を疑うことはやはり難しいと思い、それを宗教の名において正当とした。総会は、信じることの上に確定性を立てないようにというオリヴァー・クロムウェルの熱情あふれる請願を拒否した。現代では、ＱＢイズムがさらに強い主張をしている。それは確定性すら、信じることの一形態だと説くのだ。

第Ⅳ部

QBイズムの世界観

17・物理学と人間の経験

QBイズムが考案されるよりずっと前から、従来の量子力学は、人間の知覚作用が量子力学の数学的な仕掛けのどこかに隠れていなければならないことを暗示していた。ウィグナーの友人の逆説がその理由を示している。二人の友人どうしが量子系について同じ情報を持っていなければ、二人はそれに異なる波動関数を割り当てる。二人の情報――それぞれが知っていること――は系そのものだけでなく、二人の過去の経験によっても決まるので、その別々の個人的経験が、二人の世界モデルに直接影響する。

一九六一年、ニールス・ボーアは、量子力学の本当の意味をつかもうと苦闘した生涯の終わり近くなって、「物理学は前もって与えられているものの研究というより、人間の経験を整理して調べるための方法の開発と見るべきだ」と書いた。[1]

「前もって与えられている」とは、外部世界――アインシュタインが「実在」と呼んだもの――のことで、サミュエル・ジョンソンが蹴飛ばした大きな石のことだ。ボーアは主観的なものを大事にして客観的なものを完全に排除したのではないことに留意しよう。ボーアが「前もって与えられている」と呼ぶものがどうでもよくなったのではない――ただその役割が、科学の核心にあるものというより、人々の方で引き受けるよう教えられるものになったのだ。実験家、観測者、理論家は自分の外部にあるものを調べているが、そこで直接相手にしているのは自然そのものではなく、人間の経験に映し出された自然ということになる。

ボーアの卓見は、他の多くの預言者的発言と同じく、人々の耳には届かなかった。私が学生時代に量子力学について勉強していた頃は、人間の経験について言われたことを聞いたことはまったくなかった。ボーアの意見を聞いたことがあったとしても、おそらく理解できなかっただろう。それは科学について信じるよう訓練されていたことすべてに反していたからだけでなく、その言葉がわかりにくい、あるいはむしろ無意味に思えたからだ。そもそも「人間の経験を整理して調べる方法」とやらは何なのか。従来の量子力学は、極微の素粒子から巨大な宇宙まで、物質世界を数学の言葉で筋道立てて調べ、地図にするための明晰で明示的な処方箋をもたらすものだった――しかしその地図を作成し、利用する人間が抱く印象、思考、記憶は、方程式から注意深く取り除かれていた。ボーアが正しかったら、その主観的要素は式のどこに見つかるのだろう。

ボーアが亡くなってから四十年後、QBイズムがとうとう、ボーアの謎のような発言の意味を示すための単純な方法に達した。その見通しを具現する鍵が、確率の概念だ。QBイズムによれば、確率――量子力学の大黒柱――は物ではない。頻度主義的確率が説くような前もって与えられているものでもない。頻度主義の考え方では「公正な硬貨が表になる確率」というような発言は人間の影響力とは独立しているように見える。それは「事実」であると主張している。しかしQBイズムは、論理的にも経験的にも、確率が実際にはむしろ信じる度合いであり、主体の経験に依存するとみなされるべきだということを明らかにする。しかし頻度主義的確率からベイズ確率に切り替えることによって、ＱＢイズムは物理学の峻厳なる数学的枠組みに人間の思考と信条を注入する。

ＱＢイズムは先のボーアに同意するが、さらに大きな一歩を踏み出す。ボーアと違い、人間の経験一般について語るのではなく、一個の行為主体、特定の一人の人物の経験について語る。では、その特定の人物とは誰か。クリス・フックスは、ビートルズの一九七〇年の曲の元気なリフレイン「アイ・アイ・ミー・ミー・マイン」〔僕だよ僕、僕のだよ〕を使って強調して答えている。つまり、量子力学の個々の独立した利用者それぞれのことというわけだ。ＱＢイズムによれば、量子力学は行為主体が自分の身に被る経験を調べ、整理するための方法を提供する。

それが科学の壮大な企ての根本原理というより、アナーキーに向かえという指示、あるいは怪異な形の自己中心性のように聞こえるなら、それは私たちが科学の経験の範囲を誤解することに慣れてしまっているからだ。ＱＢイズム的解釈からすると、量子力学の範囲、ひいては科学の範囲は狭くなると同時に、別の方向では広がることになる。ＱＢイズムは、確率の推定の適用範囲を一個の行為主体に限定するので、科学の範囲を徹底的に狭める。しかし同時に、行為主体の経験の中に含まれるのは、ただこちらの電子のスピンの測定結果、あるいはあちらのレーザービームの振動数――ジョン・ベルの否定的な言い回しを使えば、もっと大きな枠組みの中での「ささいな出来事」――ではなく、過去と現在の個人的経験すべてとなるので、ＱＢイズムは途方もない拡張にもなる。

私には行為主体として、自分の未来の経験に対する確率評価の割当てについては相当の自由があるが、それは確率計算の制約に沿ったものでなければならない。数学的に矛盾していてはならないのだ。たとえばトランプで私がキングを引く可能性が20％あると思うとすれば、それと同時に、スペードのキングを引く可能性に30％の確率を割り当てるのは筋が通らない。絵札を引く確率を10％と予想するのも矛盾とならざるをえない。心理学者や経済学者は、私たちはたいてい、そのような馬鹿なことを禁じる確率の正式な規則を、間違った直観に基づいて、あたりまえのように無視していることを明らかにしてきた。心理学実験では、人は理に合わない信じ方をしていることを明かしている。ある期間に起きる殺人の数はミシガン州よりデトロイト市の方が多いと見積もる誤りなどのことだ〔デトロイト市はミシガン州内の一都市〕。そのような矛盾した行動が、悲惨な経済的・社会的結果を生むことがあるが、それは人間に備わっていることらしい。しかし科学では、この企てが自己矛盾によって自己崩壊しないように、そういうことは根絶しなければならない。数学という簡潔な言語は、用語が日常言語のものよりずっと曇りなく曖昧でないので、論理的整合性を確保しやすい。

特定の行為主体の経験全体に付与される確率の網の目は、他のどの行為主体のものとも異なる。確率の網は、雪の結晶一つ一つのように、込み入っていて独特だ。しかし行為主体間の方の整合性はどうだろう。すべての行為主体が、それぞれの中では整合しているがお互いどうしでは合致も整合もしない、独自の個人的確率の繭の中で暮らしているなら、科学はばらばらになり、個人的な好みのつじつまの合わないたわ言に堕してしまうだろう。科学的経験と考えられる範囲を広げれば、その科学を結び合わせて人間の創意による強力な産物にすることができる。私を同業者や共同研究者、ひいては現在と過去の科学者世界と繋いでいるものは、私がそうした人々と交流した個人的経験の総和だ。私が読んだすべての本、論文、手紙、聴講したすべての講義、参加したすべての会話、目にしたすべての画像、私が自ら行ったすべての測定——すべては私の意識的精神に加えられた新たな経験であり、すべてが私が割り当てる確率を更新する元になる情報として使える。つまり各行為主体の経験の集合は各主体だけのものだが、それぞれの中に、同じ共有経験という、大きな共通の核が入っている。たとえば、私たちは誰もがニュートンの法則を知っていて尊重するが、それはみながそれについて習ったことがあり、それを使って未来の経験の事前確率を計算してきたからだ。個人的に付与した確率の網どうしで共有経験に基づいて重なり合う部分が大きくなると科学に秩序がもたらされる。小さな個人的な違いは革新と進歩の余地を開く。

ＱＢイズムによれば、量子力学は世界についての記述ではなく、世界を理解するための手法だ。私たちの未来の経験は確率を用いてしか記述できない。その確率は状況によって古典的である場合もあれば量子確率のこともあるが、ベイズ確率であることにはちがいない。たとえば、電子はある実験では量子系として波動関数による広がりを伴うが、別の状況では、その運動はゴルフボールの動きになぞらえられることもある。逆に、ウィグナーは友人のことを古典的な対象と考えるだろうが、量子実験の脈絡では、友人が電子がもつれ合う波動関数を立てることを余儀なくされるだろう。

包括的で整合する世界観を展開するのはものすごい作業だ。道のりは長く厳しいが、ＱＢイズムはその進み方を教えてくれている。

私はＱＢイズムを新しい世界観の基礎として採用して、深い達成感が得られた。それは——やっと――自然の法則やそれを考えた人々と私を個人的に繋げてくれた。それは、私が予想しなかった形で、あるいはそんなことがありうるとは思わなかったような形で物理学の壮大な物語に私を「もつれ」させてくれた。

私は今はもう科学研究には携わっていないが、もし現役だったら、ずっとしてきたことを続けているだろう。量子力学を、信頼できるツールとして扱い、波動関数を計算し、そこから可能性を導き、実験担当の仲間をせっついて、導いた結果と実験データとを照合するだろう。しかしその過程についての感じ方は変化している。

私がずっとしてきたのは、「科学的方法」による研究だった。今では小学校の教室の壁にも、科学的方法の六段階か七段階が、ある程度標準的な形式で、いろとりどりに貼ってあったりする。「1. 問題を考える。2. 背景を調べる。3. 仮説を立てる。4. 実験を行う」とか。なぜその横に「芸術的方法」という題の貼り紙がないのだろう。それは芸術を、ましてやその方法を、普遍的に受け入れられる形で定義することは、哲学者にもできていないからだ。芸術の企ては人間的すぎて、一枚の貼り紙には書ききれないのだ。そこには感情があり、性癖があり、個人差があり、「芸術的方法」を定義の枠に押し込めるような本質にかかわることは、不可能であるだけでなく、生産性にも反する。そんなことが構想できたとしても、芸術的方法の貼り紙はきっと、それを暗記する子どもを刺激するよりも抑制する方に作用するだろう。

芸術的方法があまりに人間的すぎて規格化できないとすれば、規格化された科学的方法は逆の問題に陥っている。その標準的な指定には、個人性とか人による違いの余地はない。輝かしい人間の冒険を描く話ではなく、どちらかというと庭の芝刈り機の取扱い説明書に書かれているようなことに見える。

ＱＢイズムはもっと魅力のある見方を提供する。デーヴィッド・マーミンが、二〇一四年の『ネイチャー』誌に書いているように、量子力学を使う人々、つまり各行為主体を、一人一人個別的に活動の中心に置くことによって、「ＱＢイズムは科学者をあらためて科学に戻す」。[2] 私にとっては、これは私が物理学者として、自分がいないところで千年、二千年と展開されてきた規則群をただたどっているだけではないということを意味する。ＱＢイズムは自分が、自分自身の経験と思考に導かれて、独自に仕事をしていると感じさせてくれる――その経験や思考はもちろん、先行する傑出した人々に教えられ、育てられたものだ。結局、肝心なことは私自身の確率付与だ。ＱＢイズムはそれを内面化し、それによって科学を人間化する。

ＱＢイズムは視野の根底的変化をもたらす。宇宙についてのボトムアップの描き方を提供して、伝統的なトップダウンの見方をひっくり返す。従来の物理学は客観を主観から厳格に分離し、世界を普遍的な展望台から見ようとする。自然の法則は固定され、動かない。物質的宇宙は「そこに」あって、そうした法則に支配され、それを眺めるちっぽけな人間には影響されない。時間も、相対性理論による速さや重力の作用が流れ方を複雑にしているとはいえ、個人的な感情、信条、視点から離れすぎているという意味で、客観的すぎる。この考え方では、人間の理解力は神の理解力に達することはないが、それでも神のような知恵のかけらでも捉えたいと切望している。以下の四章では、ＱＢイズムがこの世界観を再検討し、その世界観を、一般から特殊へと話を進めるのではなく、特定の個人的経験に普遍的なものを見いだそうとするような、もっと慎ましいものに置き換えるところを見ていく。

18・自然の法則

人間の古くからある謎の一つ。人間の意志の独立が、われわれが、自然法則の厳格な秩序に従う宇宙の不可分の部分であるという事実とどう調和しうるのか。

——マックス・プランク「因果律と意志の自由」[1]

自然の法則は、新しい惑星や新種の昆虫を発見するように法則を探せば、それだけで明らかになるわけではない。むしろ、限られた数の観察結果や実験に基づいて自由に考案される。プランクが苦労して得た経験から得たように、法則を立てるには、論理や数学だけでなく、想像力、直観、洞察、本能も必要となる。こうした法則を見つける方法は帰納——特殊から一般への推理——が用いられる。人間のどんな営みとも同じく間違いやすい手順だ。

すぐに記録されて他者に伝えられる単純な観察とは違い、科学の新しい原理はまず仮説（あるいは、リチャード・ファインマンがあっさりと呼んだところでは「勘」）として始まり、長いお試し期間を必要とし、それから「自然法則」という堂々たる地位に達する。たとえばニュートンの万有引力の式を取り上げてみよう。「法則（ロー）」という名を獲得した最初期の物理学の公理の一つだ。最初は信用されず、ときには馬鹿にされた万有引力は科学や世間に受け入れられるには何十年もかかった。次々と成功したいろいろな説明（潮の干満、地球が少し扁平であること、蝕や彗星の予測など）に補強され、徐々に信用を得て、確定の地位に昇り、人々に受け入れられた。

仮説が固まって法則に結晶化する道のりは、アインシュタイン・ポドルスキー・ローゼンの推論での、予測から実在の要素への移行に似ている。どちらの場合にも、信条が強さを得て、徐々に確定になる。原理が「自然法則」という栄誉ある称号を与えられると、その意味は変わり始める。ものごとの起こり方を記述するためだけでなく、それを統御・統治するためにも法則が求められるようになる。それは「法の支配」という言い方の意味で、世界を支配（ルール）するようになる。あるいは逆に、プランクが言ったように、宇宙は法則が課す厳格な秩序に従うようになる。

人間の法が何に由来してどのように作られるかはわかっているが、自然法則はどこから来るのだろう。ニュートンのような信仰のある人々にとっては、神が法則を定め、私たちは自分たちにわかる範囲で、神の心をほんの一部なりとも理解し、感謝することを学ぶ。この見方では、自然法則は神の法であり、それがすべてだ。残念ながら、宗教的な説明は、好奇心や発見を刺激するよりも、議論を打ち止めにする傾向がある。

プランクのような古典物理学者にとって、また現代の私の同業者の大半にとっては、自然法則は絶対のものであるような感じがしている。もちろん、科学の理論は進化し、変異し、撤回されることもありうることは誰もが知っているが、間違いであることが証明されるまでは、法則は絶対の拘束力があると想定されている。たとえば特殊相対性理論は、矛盾しているように思われるかもしれないが、絶対だ。それに違反することは見られていないし、それは成り立つと普遍的に受け入れられている。物理学の理論は、誤っていることが有無を言わせない形で明らかでないなら、それが明らかになるまでは、特殊相対性理論に合うようにしなければならない。それと同じく、自然法則はすべて絶対に成り立つ――状況を変えるような知らせが来るまでは。

自然法則が世界を制御しているという概念は、科学教育には行き渡っている。アイスホッケーのパックはなぜ氷の上を滑り続けて、スティックから打ち出されたとたん止まってしまわないのかとその辺の子どもにでも尋ねれば、その子は「運動量保存法則があるから」といったようなことを答えるものとされている。法則は無生物を支配すると信じられている。パックはある全能の主人――自然法則――によってそうするように命じられていることをしているにすぎない。その意味では法則が「原因」となって、パックに運動を続けさせている――交通法規がドライバーが速度制限に従わせる原因であるように。しかしパックは自由意志を持っているわけではなく、それが「従う」自然法則は、ある根本的なところで速度制限とは異ならざるをえない。

すると自然法則の地位はどうなるのだろう。それは何に由来するのか。誰がそれを定めたのか。その法の原本はどこにあるのか。物質に何らかの形でこめられているのか。それとも宇宙の時空に書き込まれているのか。どのように執行されているのか。それが最初に明文化される前は運用されていたのか。私たちが法則が何に由来するかを知らなければ、それは奇蹟というものではないのか――するとニュートンの万有引力の法則は奇蹟だったのだろうか。自然の法則そのものは超自然的なもので、科学の範囲を超えているのだろうか。

実生活でも科学でも、事物がどのように生まれたかを調べることによって、その事物が何であるかについて多くのことがわかる。現象の歴史がその意味を明らかにする。自然の法則は科学者の心の中に生まれるので、私たちは自然の中やそれを超えた高次元の世界というより、その心の中の方に法則の本質への手がかりを探すべきなのかもしれない。

この自然法則の地位という問題に対するＱＢイズムの答えは、宗教や超自然の説明よりも世俗的だ。未来の経験についての期待の尺度という確率のベイズ的解釈は、自然の法則を今の超越的な地位に引き上げてきた伝統は、話が逆なのではないかと説く。ＱＢイズムからすると、事物がかくかくしかじかのことになるのは、それが何かの自然の法則に従うからではなく、事物がそのようになるから自然の法則もそういうふうに考案されたのだということになる。

これによって自然法則は、事象を決めるのではなく、事象についての過去の経験を記述するという役割を帯びる。それはきわめて効率的な情報の要約で、計算機科学者がデータ圧縮と呼ぶものの輝かしい例だ。ニュートンの万有引力の法則をまとめるあの八つのささやかな記号〔第4章註1〕に含まれる科学的情報の量は、その規模の点で――「2の平方根」と簡潔に記述される数の無限に並ぶ小数の個数なみに――想像を絶する。情報の要約と見れば、法則（ロー）という言葉は不適切に見える。たぶん、規則（ルール）という言葉の方が、表されている意味に近い（ルールという言葉は物差しを意味するregula に由来する）。ルールは上から課せられるお触れというよりは観察される規則性と解釈できる――もっとも、ローと同じく根本的で曲げられない場合もある。たとえば電磁気の法則の一部として、いわゆる右手ルールが電気の流れる導線のまわりの磁場の向きを記述する。このルールは交通法なみに厳格だが、ルールという控えめな名がついている。

ＱＢイズムの世界観では、自然法則は漸近的に信頼水準を上げていき、変化する率をだんだん小さくしながら、次々と確定へ近づいていく。放射性原子が崩壊している確率が0から1へと上がりながら決して1にはならないように（観測されていないかぎり）、自然法則が確かに成り立つ確率も0（最初に仮説が立てられる前）から、1へと上がっていくが、決して1に達することはない。クロムウェルの差止め規則は確率だけでなく、自然法則にもあてはまるはずだ。無限小であっても疑いの余地を残して絶対の妥当性を弱めることによって、私たちは将来更新せざるをえなくなるような改良や修正に備えられる。

私は目の前のテーブルにあるカップが自然発生的に天井に向かって浮揚することはないと確信している――しかしそれが絶対確実と主張すれば短慮になるとも信じている。私が確信していることについてはお金を賭けてもいいが、あくまでも一抹の疑念は残しておく。確かに、古典物理学者でさえ、カップの下側にある空気の分子が偶然の、きわめて稀なたまり方をしてカップを風船のように上昇させる可能性がごくわずかながらあることは頭に入っている。

ＱＢイズムは、私が半世紀間教えてきた自然の法則を新たな光で見ることを教えてくれた。こうした法則は何世代にもわたる物理学者が蓄積してきた経験や知恵を表すが、絶対でも厳格でもない。人間が生み出したものであり、したがって変わりうる――少なくとも原理的には。

ＱＢイズムによる自然法則の正体についての解釈は、本章の冒頭に掲げたプランクの言葉が指し示す厳格な決定論の束縛から解放してくれる。しかし厳格な決定論の対極にあること――人間の意志や自由意志の可能性——について、ＱＢイズムは何と言うのだろう。

19・石が蹴り返す

アメリカの理論物理学者ジョン・アーチボルド・ホイーラー（一九一一～二〇〇八）は、一般には、原子核物理学に対する先駆的貢献よりも、英語にブラックホールという言葉を加えたことで知られている。科学界では、大胆で想像力あふれる理論家としてだけでなく、学生を感化する教師としても知られている。最も有名な学生は、アメリカ物理学界の恐るべき子ども（アンファン・テリブル）にしてノーベル賞も受賞したリチャード・ファインマンで、その博士論文をホイーラーが指導した。四十年後、ホイーラーはテキサス大学で、クリス・フックスの学部の指導教授を務め、物理学基礎論研究を進めるよう促した。当時はたいていの物理学者がせいぜい周縁的なテーマと見ていた分野だ。フックスはこの指導教授から、量子情報こそ、量子力学や、その延長上で物理学一般をもっと深く理解する最も有望な鍵かもしれないということを学んだ。このことからすると、ジョン・ホイーラーはQBイズムの後見人と呼んでもいいかもしれない。

ホイーラーは本当に大きな問題（リアリー・ビッグ・クエスチョン）（ＲＢＱ）と呼ばれるようになる問いを、暗号めいたお告げのような言葉で立てるのが好きだった。その中には「なぜ量子か?」「イットはビットから?」、「参加型宇宙なのか?」といった問いがあった。

「なぜ量子か?」は今もマックス・プランクの当時と同様、なかなか捉えがたい問いだ。本書のはじめに、プランクの $e = hf$ は量子力学の代表像だということを述べた。その関係は何に由来するのか。当時は根拠のない仮説だったが、今日では、この式は量子力学のもっと根本的な、もっと複雑な原理から出てくる。しかしこうした原理の要諦はいったい何だろう。ひょっとしてこのRBQは本当に核心をつくものなのか、それともそれに答えはないのか。あるいは言い方が適切でない可能性も大いにある。たとえば、世界の言うに言われぬ核心部分が本当に量子力学的で、私たちはたまたま古典的な日常世界ではそのことに気づかないだけなら、この問いはひっくり返せるかもしれない。量子が存在そのもの同様に説明できないなら、本当の問題は、なぜ古典物理学か、ということかもしれない。いずれにせよ、ホイーラーは、控えめな「いかに」ではなく「なぜ」に踏み込んで問うことによって、形而上学への傾きを示していた。存在の意味や実在性に関する哲学の問いは、それが何世紀か前に追放された物理学の分野にも正当な場所を回復すべきだとホイーラーは思っていた。クリス・フックスはその助言をしっかりと心に刻んだ。

　第二のRBQ、「イットはビットから?」は、ホイーラーは疑問符などつけず、もっと断定的な語気で用いているが、ぎりぎりまで切りつめたデータ圧縮のお手本だ。この短い三語〔It from bit ?〕に、ホイーラーの哲学的遺産のすべてがまとめられている。情報こそが自然理解の鍵なのだ。情報の原子と見られるビットは、イット——物質的宇宙——についての私たちの理解にとって、化学での原子よりも根本的か? QBイズムは、「ビットからイット」と呼ばれる壮大な形而上学的探求の、今世紀最初の章となる。もちろん最終章ではない。

ホイーラーは、もっと過激な問い、「参加型宇宙なのか？」によって、量子力学から得られる教えを強調した――実験や測定は、デモクリトスの時代から古典物理学〔自然学〕が想定していた、受動的で距離を置いた観測者の、外部に独立して実在する世界を調べる行為ではない。むしろ、観測者は調べている対象と密接に関係している。私たちはただの情報の記録装置として行動しているのではなく、世界とのやりとりの結果を生み出すことに参加する行為主体なのだ。

QBイズムはホイーラーの問いに肯定的に答え、それを詳細にする。量子力学はそもそもの始まりから、測定と呼ばれる物理的実験を気にかけてきた。ふつう、実験器具は量子系の何らかの属性、たとえば電子のスピンの向きを測定するよう準備される。それから結果の確率を予測する目的で波動関数が計算され、実験が行われ、実験データが予測と比較される。

多くの物理学者は、測定という言葉は誤解の元になる含みがあるからと言って、その言葉を使うことには反対してきた。その言葉は結果の値が実験に先立って存在していて、明らかにされるのを待っているだけというような含みがある。たとえば乳児の体重を測定すると言えば、暗黙のうちに、その子には体重があって、その値が知られていないだけだという含みがある。測定とは、その値にかかっていたベールをはぎ、誰にも見えるように明らかにすることにすぎない。

しかし量子力学では、行われていない実験に結果はない。電子のスピンには、こうと判定されるまで、方向はない。スピンを表す**キュービット**には波動関数が「上」か「下」かに収縮するまで、どちらという値はない。実際、隠れたスピンの値があると仮定すると誤りに陥る――GHZ実験がまざまざと明らかにして見せたように。スピンがどちらの値を取っているのかを知らないという問題ではない。間違っているのは、そもそもスピン値が存在するという根本的な前提だ。

QBイズムによると、測定はあらかじめ存在している値を明らかにするのではない。その値は量子系と行為主体との相互作用で生み出される。

クリス・フックスが解説する。

QBイズムは、行為主体が手を伸ばして量子系に触れるとき——量子測定を行うとき——その過程がほとんど文字どおりの意味で生み出すと言う。系に対する行為主体の作用によって、それまでそこになかった新しいことがこの世界に現れる。それは「結果」であって、そのように動く行為主体にとっては予測できないことだ。ジョン・アーチボルド・ホイーラーは、こんな言い方をしており、われわれもそれに従う。「基本的量子現象は、『事実創造』という基本的行為である」[1]。

「参加型宇宙」という言葉でホイーラーが意図していたのはそのことだ。私たちが暮らしの中で日々のなりわいに従事しているとき、私たちはただ宇宙と相互作用するだけではない——私たちはその創造に継続的に参加しているのだ。

それは傲慢な感じもするが、QBイズムを採る人々は、宇宙を創造したのは自分たちだと言っているわけではない。量子力学的実験は、世界の全体をどうこうするものではなく、その生地に、ごく細かい、事実上見えないほどの追加を行うのだ。それはありうることを実際にして見せるという重要な役割を演じる。さらに、カオス理論が有無を言わせぬほどに明らかにしたように、どんなに小さい原因でも、大きな結果に繋がりうる（有名な「バタフライ効果」――メキシコで蝶が羽をはばたかせると、いずれテキサス州のハリケーンになる）。しかしそのような潜在的な増幅効果の余地はある一方、宇宙の大半は明らかに実験物理学者の助けなしに生まれている。それがどういうことかはまだ明らかになっていないが、いつも先を見ているジョン・ホイーラーはひるむことなく前進する。

ある難問を考えることは逃れがたい。存在の全体は、粒子や力の場や高次元の幾何学の上に立っているのではなく、何億、何兆もの基本的量子現象、あの「観測者参加」という基本的行為、科学の進歩により私たちに課せられている、あらゆる存在の中でも最も捉えがたいものの上に成り立っているのだろうか。[2]

「観測者参加という基本的行為」という言い方は誤解の元だ。量子実験への参加とその結果を観測するというのは、物理学者が量子論で出くわすことだが、関係する基本的行為は物理学実験室での測定よりもはるかにありふれている。観測者――行為主体や装置――が大きな量子系とみなされるなら、実験は要するに二つの量子系どうしの相互作用のことで、私たちはそれが新たな事実を創造していることを知った。同種の事実創造は、二つの量子系が重なるときに生じる。ホイーラーによれば、それは宇宙で創造が進んでいく仕組みかもしれない。量子系が衝突し相互作用して、それによって新たな「土台となる事実」を創造する。ホイーラーは未来の世代のために、この第三のRBQを残した。クリス・フックスとQBイズムを採る人々は、その答えに向かう第一歩を踏み出している。

量子力学をQBイズム的に擁護する人々は、その「実在」についての姿勢を批判される。QBイズム論者は波動関数とそれが生む確率を非現実的と考えるので、実在をすべて否定すると責められる。しかしそれは根拠のない、非論理的な非難だ。

実際には、QBイストは実在世界はそこに、つまり私たちの外に存在しているとしっかりと信じている。しかし科学者は単なる冷淡な観測者、実在の記録者だと唱えるのではなく、自分はその一部で、その形成に能動的に参加していると見る。観測者参加の行為では、どれが主役ということはない——観測者と観測されるものは同等の立場で参加する。したがって、潜在的にはすべての粒子が、すべての行為主体とともに、宇宙の創造に参加している。

こう理解すると、QBイズムの宇宙は静止的ではなく力動的で、複雑な時計仕掛けというよりも、従来の意味では生きていない、創造性のあるエネルギーが泡立ち、進展する星の内部の方に似ている。それは実在だが覆いがかかっていて、客観的だが予測不能で、実体を伴うが未完成だ。

QBイストは実在を否定するどころか、実在するものを示す証拠は、まずもって量子力学そのものから出てくると信じている。フックスはそのことをこう言っている。「われわれが自分の外にある世界があることを信じるのは、まさしく自分がいつも（その世界から）予測されていない打撃を受けるからだ」。例として、典型的な実験が挙げられる。ある行為主体が装置を設定して、自身の自由意志によって決まる何らかの特定の構成をとる、量子系を準備する。測定結果のいろいろな可能性について、主観的な確率を計算するが、それ以上のことはできない。外部世界は装置と相互作用して、最終的に実際に起きること——どの可能性が実際に実現するか——を決める。フックスは、「そのようにして、私たちはこの量子測定で、世界の実在性に、最も本質的な形で触れていると言いたい」[3]とまとめた。

ジョンソン博士は、自分や聴衆が石を蹴飛ばすことで経験することを確定的に予測できるから、自分が物理的実在の本性を明らかにしていると考えた。石はアインシュタインの言う「実在の要素」の例だった。しかしジョンソン博士が量子的な石を蹴っていたら、ありうるいくつかの、それぞれに独自の確率をとる、相異なる結果のうち一つを予測していることにならざるをえなかっただろう。実際に起きることの選択は、自由意志を用いるこの博士だけによって行われるのではなく、厳密な自然の法則に従う石によって行われるのでもなく、衝突するという動作で両者によって行われる。フックスによれば、私たちが量子実験で起きることを確定的に予測できないという状況は、世界の現実のあり方について、古典物理学がその法則と確定的な事実とともに発見したことより多くを明らかにする。この私たちの住まう実在の量子力学的世界では、観測者は参加し、石は蹴り返しているのだ。

20・「今」の問題

私は十一歳のときに時間を止めたことがある。その頃の私は時間の流れを変えようがないことに困惑し、漠然と心配にもなっていたが、自分には時間を止めることがまったくできないという事実に甘んじていた。しかし、少なくとも一つの時点、つまり基準点のようなものは永遠に固定されたままになって、止められるんじゃないかと思った。明瞭には言えなかったが、自分の心を向ける過去が遠くなるほど、特定の時点を明瞭に思い出せなくなる――だから、私は過去の定まった一点を選んでも、それはすぐにぼやけて消えてしまうかもしれない――ことを、おそらく経験から知ったのだろう。確実に忘れないようにするために、私は過去ではなく、未来のある特異な一点を選び、それを蝶の標本のようにピンで留めることにした。

前々から、その瞬間を見逃さないようにして、状況を熟知しておき、その瞬間に完全に備えなければならないことはわかっていた。スイスのバーゼルにあった祖父の家から、チューリヒ近くの私の住む町への列車に一人で乗って移動するときがその好機だった。列車がバーゼルを出るとまもなく、右側の窓の外に見える森の中、開けた土地に建つ小さな城を通過することもわかっていた。

私は黄色い煉瓦の壁と、黄土色で縁取られた胸壁のある、おとぎ話のような城を見るのが好きだった。その眺めには決して飽きることがなかった。

当日、私は周囲の状況をできるかぎり細かく調べ、暗記して備えた。それから七十年近く経った今、その光景は今も記憶に明瞭に刻み込まれている。携帯電話などまだ遠い未来で、カメラも持っていなかったが、記憶は鮮明だ。暖かい秋の午後遅くで、車両はほとんど空だった。木製の座席は固くて座り心地は悪かったが、何度も出かけてよく知っていた車輪のがたごとという音は安心させる子守歌のようで、当面の任務に集中していなかったら眠ってしまいそうだった。開けたところに出て、城が線路のすぐ近くに見えると、私は子どもの散漫な注意力が許すかぎり賢明に集中し、通過した瞬間、「今」と叫んだ。居合わせた乗客が驚いたとしても、私は気づかなかった。私はその瞬間を捉えていた。私は時間を止めたのだ。

何年かして、その建物が実はフェルトシュレッシェン・ビール会社の建物で、同社のビールのラベルに描かれているのを知って、少しがっかりした。

その後の人生で記憶に値するすべての瞬間の中でも、時間が流れているところを止める目的で意図的に選んだ特別な時点はない。ときどき、時間に関する講義をしているときに、フェルトシュレッシェンの話をして、息抜きの実験をしてもらうこともあった。まず各人にこれからすることを予習させる。それも、来たるべき瞬間を、それが近づくのを——言語に絶する動きで自分の方に向かってくるかのように近づいてくるのを——ほとんど物理的に感じられるようになるまで先取りする。最後に、みんなで10からカウントダウンをして、しめくくりに一斉に「今」と叫ぶ。後にその瞬間のことを振り返り、実際の瞬間と、急速に遠ざかる記憶との類似と相違を描写してみる。学生はこの演習を喜んだが、私にとっては、そうした後になってからの「今」には、元の「今」ほどの意図的なところと最初ならではの新奇さが欠けていた。私の頭の中では、後の気晴らしには焦点がなく、色あせていった。一度、喜ばしいことに、実行してから十年後にこの体験のことを覚えている学生に出会ったことはある。

時間のやっかいなところはそれが存在しないことだ。過去は過ぎ去り、記憶と記録に痕跡を残すだけだ。未来はまだ生まれていない。粒子の時間と空間をくぐる旅が時空での紆余曲折する線で描けるなら、過去と未来が出会う点――現在――は線上の一点でしかない。空間内の、広がりのない一点のように、時間の中の点には持続時間がない。数学的な理想化であり、抽象物であり、観念だ。それでも、現在だけが時間について得られる直接の経験だ。私たちが過去について考えるとき、記憶の蓄えに分け入ることを意識する。未来のことを考えるときには、まだ起きていないことを先取りしていることを認識する。しかし現在はここに自分とともにある。それを骨身にしみて感じし、誰もがそれが何か知っているのは、自分がそこにいるからだ。実際、仏教の教えや現代の民間心理学でも、現在に没入することが精神衛生のこつだという。「今」のとてつもない心理学的意義は、それを一点で表すことをほとんどばかばかしいほど不適切にする。

かつてフェルトシュレッシェンから背後の丘を越えてわずか30kmほどのアーラウの学校へ通ったこともあるアルバート・アインシュタインは、「今」について悩んでいた。それは自分で問題をややこしくしていたからでもあった。時間は宇宙のあらゆるところで同じとなるニュートンの絶対時間を否定し、観測者の運動や重力による環境に依存する相対的時間に代えることによって、アインシュタインは今の意味の定義そのものに混乱を織り込んでいたのだ。しかしアインシュタインの懸念はさらに根本的なことだった。哲学者のルドルフ・カルナップはアインシュタインと交わした会話のことを回想し、アインシュタインが、「『今』の存在は人間にとって特別なこと、過去と未来と本質的に異なることを意味するが、その重要な違いは物理学の中では生じないし生じえない。この経験が科学で把握できないことは、自分にとって苦痛なことだが、あきらめるしかない」[1]と明かしたという。

コーネル大学の物理学者デーヴィッド・マーミンは、過去、現在、未来の区別は、量子力学の解釈にとっては枝葉末節のことだが、QBイズムは「今」の問題に納得のいく解決をもたらすことに気づいた。物理学の内容は、行為主体の未来の体験についての個人的な確率評価――0や1も含む値による――で理解されるとき、「今」は他の人間的経験と同様、それぞれの行為主体に固有のものとなる。私が自分を時空の中の一点として描くなら、あれこれのことをしながら動いている自分の位置と時計の示す時刻による紆余曲折を表す線を引ける。私の環境の記憶と記録が確立される時計上の時間は、前進する「今」と呼ばれる瞬間だ。時間の経過とともに容赦なく前進する点でできた線は、過去と未来という二つの部分に分けられ、両者は「今」で出会う。その図と解釈は、物理学には文句なく受け入れられる。

QBイズムはその筋書きに二つの新たな洞察をもたらす。それは、アインシュタインのような古典的な物理学者は科学には立ち入れない領域と考えていた人間の経験のことを明示的に語り、それは地図が土地ではないことを思い出させる。行為主体としての私は自分の体を一点として表すが、自分は点ではないことはよくよく知っている。私の「今」、つまり今これをタイプしているときに私が生き生きと体験しているが、読者がこれを読む頃にはとっくに消えてしまう今は点ではない。電子が**キュービット**ではないのと同じく、私の体と私の「今」は点ではない。

マーミンはさらに進んで「今」の経験は、個人的ではあっても、ウィグナーとその友人が電子のスピンを測定した経験を共有するのと同じように共有できることも説明している。物理学は局所的なので、共有する行為主体は近くにいなければならない――両者間に合図が伝わるために必要な時間が無視できるほどに。その場合、相対性理論によるややこしいところは生じもしない。同じところにいる二人の観測者、あるいは主体は、一緒にいるかぎり、二人の「今」が一致することに同意する。たとえば私と妻が夕食でワインをともにするときは、同じ「今」を一緒に経験することになる。私が授業で「今」と叫んだとき、居合わせた人々はみな、一瞬、同じ「今」にいた。しかし学生たちが三々五々遠くの地点に去ってしまうと、私たちの「今」はそれぞれの経験に分かれ、共通するものはなくなる。

いつもながら、アインシュタインは時代に先駆けていた。物理学が「今」を扱えないことに不満を述べることで、未来の世代に対して実に興味深いテーマを指し示していたのだ。マーミンによる「今」の意味についての取り上げ方は単純で説得力があるが、それは微妙で豊かな現象の最も単純な近似にすぎない。この文の最後にある句点も、十分に拡大して見れば相互作用する粒子の豊かな世界だということになるのと同じく、私の「今」は、子細に調べれば、驚異的に複雑で意味のある現象なのだ。物理学が私たちの「今」についての理解に対して何らかのことで貢献できるかどうか以前に、量子レベルではなく古典的な細胞や電流を相手にする神経科学が重みを持つことになるだろう。

私の「今」は、それが何であれ、大部分はそれが組み込まれている状況によって決まる一個の経験だ。その大部分は、私を直接に取り巻く物理的な環境、私の子ども時代の実験での列車の車両とその窓からの眺めのような私にとっての「ここ」と関係する。舞台装置の中には私の眼を通して直接に私の意識に入ってくる部分もあったが、大部分は、私の背後、上、下にある、私の視野にはないものの直接の記憶の中に蓄えられていた。視覚的な状況以外に、その特定の「今」以前のつかの間に経験した音、匂い、感情などもある。

しかし最も興味深いのは、すぐ後の未来の経験の先取りが「今」に影響するという認識だろう。私たちが現在と呼ぶ時間の中での点を取り巻くもやもやは、記憶を通じて過去に広がるだけでなく、少し先にも広がっている。一般に信じられているのとは違い、脳はただ受動的に反応する器官ではなく、大部分は予測する器官でもある。私たちの心はつねに、自覚することもなく、起きそうなことについて天文学的回数の予測を行っている。コーヒーカップに手を伸ばすような単純な行為さえ、手や腕にある五十ばかりの筋肉の、知能による（ランダムでない）急速な制御がかかわっている――とてつもなく複雑な計算の課題だが、それがないと手でカップを取ることはできないだろう。その音もなく動作する活動によって、私たちは世界の中で機能する。[2] それは「今」の隠れた一部だ。

ベイズ流の方法によって、人間の運動制御を記述するごく自然な方法が得られる。過去の経験が、体の細胞がこれから特定の電気的パルスにどう反応するかを予測するための事前確率を与え、それから実際の感覚器官の入力（物理学的に言えば測定）がベイズの法則によって事前信頼水準を更新する。更新された確率は、その後の筋肉を制御するパルスをもたらす。

人間の知覚作用のこのようなモデルがうまくいくということになれば、「今」の微視的な検証がQBイズムの世界観にきちんと収まることになる。進化は科学を先取りしていたことがわかるだろう。そしていずれ、現在の瞬間を物理学の枠組みに入れるというアインシュタインの夢が、本人には想像もできなかったような形で実現するかもしれない。

21・完全な地図？

『不思議の国のアリス』の著者ルイス・キャロルは、晩年の小説の一つで理想的な地図について書いている。

それからあらゆるものの中で最大のアイデアとなる。私たちは実際に国の地図を、一マイルが一マイルに相当するように作った。しかしその大きさからして問題を生じた。それはまだ広げられたことがないのだ。……農民たちは反対した。そんな地図では国中を覆ってしまい、日光が遮られてしまうと言う。そこで私たちは今や国そのものをその地図として使っている。それでほとんど同じように間に合うことは請け合える。[1]

物理学者はもっと高度なことを考える。ニュートンの時代以来、完璧な数理モデルという完璧な地図にも似た概念は、物理学の究極の目標だった。地図は土地ではないことを重々承知し、データを圧縮するという数学の顕著な能力を利用して、物理学者の完全な地図は、ルイス・キャロルの意味ではなく、次のような意味で、一対一になるはずだ。物理的世界のすべての特色が地図の上に対応するところを持ち、余すところはなく、地図のすべての要素が現実世界の一部を表すことになる。たとえば、物質が原子と空虚でできているという原子仮説は完璧な地図の一部であり、ニュートンの万有引力の法則もそうだ。

もし完璧な地図があったら、それは神から見た世界を描いているかもしれない。私たち人間がそれを理解したなら、神の心がわかることになるだろう。完璧な地図は古典物理学者さえ達成できなかったはるかな目標だった。無限の精度で粒子の位置を記録することは不可能であるだけでなく、コンピュータの発達が二十世紀の終わりに火を点けたカオス系の研究は、もっと困った問題があることを明らかにする。たいていの物理系では、ごくわずかな誤差で座標を特定したとしても、数学による予測と実際の系の構成のずれは急速に大きくなり、受け入れがたい水準になってしまうのだ。言い換えると、遠い未来に及ぶ予測は現実に即した系では不可能ということになる。

古典物理学では完璧な地図は実践上の問題で不可能だが、理論的な理想としては考えられる。私たちにはできなくても、神は世界を高みからそのように見ているかもしれないし、私たちもその視点に達するよう努力することはできる。しかしQBイズムは本来的なランダムさとベイズ確率を伴い、いつか神の心がわかるという期待に終止符を打つ。

量子力学は、実験で確認されている範囲では絶対に確定的な予測は達成できないことを認めざるをえなくするが、QBイズムからすると、それが量子力学の妥当な解釈を提供する範囲では、科学は究極の実在をめぐるものではなく、妥当に予想できることに関するものだということになる。アインシュタインを含む多くの人々にとって、完璧な地図探しをあきらめることは敗北を認めるという憂鬱なことだったが、第9章で見たマーカス・アップルビーはもっと楽観的な見方をする。[2]

まず、アップルビーによれば、ＱＢイズムは、量子力学による成果、つまり、物質的世界にとどまらず、生化学や神経科学を通じて生命科学の基礎をも理解できるようにするというとてつもない成果を軽視するものではない。何が妥当に予測できて、どれほど確固として予測するかがわかるというのは、世界の理解や制御にそれだけ近づいたということだ。

アップルビーの第二点は、ＱＢイズムは物理学を人間の思考や感覚に近づけることによって、なまの物質主義よりも、古くからの意識の謎、心と脳の関係という問題を解ける可能性が高いかもしれないということだ。今のところそれはほんの期待にすぎないことをアップルビーは認めているが、驚くべき、また明るい結論を示している。

「神の心を知る」という野心は現実的ではない。しかし私はあえてそれより先へ行き、それを知ることが魅力的なのかとさえ思う。人が本当に宇宙をまるごと理解できたとしよう。それは少々窮屈なことではないか? 宇宙が本当にまるごと理解できたりしたら、宇宙は私たちと同じく限界があるということでもあるだろう。私には、そのような宇宙で暮らすのは、深さ15cmのプールで泳ごうとするようなものに思える……。私の個人的な感覚では、自分で理解しきれる程度の宇宙にはいたくないと思う。神の心を知ることとしての物理学という見方に対して、私は別の見方を立てたい。自分よりもはるかに深い――ひょっとすると無限に深いかもしれない――ところを泳ぐこととしての物理学だ。[3]

アップルビーとは逆に，私たちが完璧な地図を見つけられないと言って嘆くなら，ルイス・キャロルの助言から慰めを得ることができる。あたりを歩き回るための案内を求めるなら，土地そのものでもほとんど同じだけ役に立つ。ＱＢイズムはその方法を明らかにする。私たちの土地――外部世界――での経験は，次の角を曲がるとそこにあると妥当に予想できることを計算するために必要な手がかりを与える。それ以上のことを誰が必要とするのだろう。

22・行く手にあること

リチャード・ファインマンは一九六五年のノーベル賞受賞記念講演で、量子電磁力学（QED）、つまり電子と光子の根本理論の開発に際して自分がたどった道のり――袋小路、回り道、曲がり角を間違ったことなど――について語った。[1] この道のりの途上でファインマンは、理論の数学的な表し方を変えることの価値を学んだという。その異なる表し方が結局は論理的に同等だった。たとえば、量子力学は波動関数の言語にも行列にも乗ることを知ったし、自分でも古典的な軌道の総体に基づく、表面的には先の二つとまったく似ていない第三の方式を考案した。十九世紀の電気と磁気についての立派な古典的理論でさえ、ファインマンによって根本的な修正を受けた。

同じことを違う言葉で述べることの要点は、理解を深めるところにある。私の教師としての経歴では、結局は同じ言葉を何度も何度も繰り返すことに行き着く難しいテーマの「解説」というつらい面倒な仕事を学んだ。本質的には同じ意味のことでも、新しい言い回しに変えたり、新たな数学的枠組みにすれば、必ずそれとともに新たなニュアンス、イメージ、色合いをもたらし、それがまた理解を強化する。それと同様に、ファインマンが電磁力学と量子力学をまとめるという壮大な仕事に乗り出したとき、その手許にあった数学の道具箱には標準の二つの理論だけでなく、それと同等なそれぞれのいくつかの変種があった。

ファインマンはファインマンらしくさらに深く掘り下げた。この複数の書き換え方の意味は何か。「物理学の根本法則が発見されると、最初は同一には見えないのに、少し数学的に加工してみると関係が明らかになるのは、いつも奇妙に思えた……どうしてそうなのかはわからない――それは今も謎だが、私は経験からそういうことを学んだ」と言っている。

もちろん、ファインマンはノーベル賞講演で一つの答案を述べている。「自然がこうした興味深い形式を選ぶことがどういうことなのかはわかりませんが、それは単純さを定める一法なのかもしれません。ひょっとすると、ものごとは、その場ではすぐに自分が記述していることに気づかなくても、同じことを複数の表し方で記述できるなら、単純だということかもしれません」。

そういうふうに見たとき、量子力学のよくできたいくつかの形式を生み出すこの単純なこととは何か。ジョン・ホイーラーの言う「なぜ量子なのか」という問いだ。ＱＢイズムはその問題には答えない――今のところは。「付録」に挙げた他のいくつかとともに、ＱＢイズムは既存の理論の新たな解釈であり、ファインマンの言う意味での別の書き換え方ではない。ＱＢイズムは重要で強力であり、長続きする意義のある哲学的な帰結を伴うが、理論と実験の照合の余地がある量子力学の実際の専門的内容には影響しない。ＱＢイズムによって変わるのは、そこに入る概念――とくに確率――の意味だけだ。これまでのところ、古い理論を完全に新しい形式にしたものはできていない。

しかしまだ草創期だ。新しい科学のアイデアで重要な属性の一つは、それが発見的（ヒューリスティック）であること、つまりさらなる研究を導き、新たなアイデアと問いを刺激することだ。ヒューリスティックという言葉はギリシア語で「見つかる」とか「わかる」という意味の言葉に由来する。ヒューリスティックなアイデアは人を刺激して新たな発見に向かわせる。アインシュタインが光子に $e = hf$ のエネルギーを導入した有名な一九〇五年の論文のタイトルでは、自説をヒューリスティックだと言っている。[2] 二十世紀物理学の歴史は、この量子仮説がいかにめざましく先進的だったかということを証明することだ。ＱＢイズムも量子力学の本当の意味を探る上でヒューリスティックな役割を演じる点で有望なところを見せている。

ＱＢイズムは「なぜ波動関数なのか」と問う。これほど議論を呼び、結局は確率を与える前に収縮しなければならないらしい抽象的な数学の仕掛けは本当に必要なのだろうか。量子力学は、地位がはっきりせず架空の成分を伴う波動関数を飛ばして、確率そのもの、つまり0と1の間の実数で直接表されないのだろうか。それが可能だったら、波動関数と呼ばれる奇怪な地図は捨てて、科学史の倉庫にしまっておけるかもしれない。

実は、それは可能だ。波動関数は直観的にわかりやすい古典的な波を元にしているので重ね合わせの現象を捉えるのがうまいのは当然だが、そのための唯一の方法であることを証明するものはない。争点となっているのは理論を異なる言葉で書き換える可能性ではなく、単純さの問題だ。波動関数の数学的形式を確率の言語に移し替えるのを妨げる根本的な原理はない――しかしそれが巧妙に行われなければ結果はやたらと複雑で見栄えの悪い理論になるかもしれない。そういうことになるのなら、物理学がこれほどの価値を得ることはなかっただろう。太陽系を、ケプラーが説いた箇潔で抽象的な楕円で記述するのではなく、直接に観察された惑星の座標をそのまま並べたものとして記述するようなものだ。それでは一歩後退ということになるだろう。

QBイストはひるまず、量子の法則を波動関数ではなく確率で表現するという方針を追い、その数学的な錬成の中で、実験的に検証できるどんな確率でも、基本的なもっと原始的な「標準的」確率の和に分ける簡潔で有能な方法に遭遇した（この処理はエウクレイデス〔ユークリッド〕の「算術の基本定理」、つまりすべての整数が素数の一通りに積に分解できるという、数学史で大きな役割を演じたものに似ている）。最近、そのような標準的量子測定が実験室で実際に行われ、QBイストが説いたように簡単で有効であることが示された。[3]

実際の量子確率を標準的な確率に結びつける式は意外な外見をしていた。いくつかの別々の経路で実現しうる結果の確率の総和を与える、従来の古典的確率論の基本原理を表す式とほとんど同じに見える。たとえばコイントスの場合、表が出る確率と裏が出る確率を足すと、二つの可能性しかないのなら、いずれかの結果になることは確実だという事実を反映して、1にならざるをえない（公正な硬貨であれば$1/2 + 1/2 = 1$）。これは「全確率の公式」と呼ばれる古典的確率論の単純な定理の例だ。がんである見込みをベイズ的に計算したときには、陽性の結果がでる全確率$p(+)$を真の陽性と偽陽性の確率の和として表して、暗黙のうちにこの公式を使っていた。

量子論では、この法則は古典的な形では成り立たない。たとえばファインマンの美しい実験では、両方のスリットが開いているときにしかじかの地点で電子が見つかる確率は、一方のスリットが開いていいてもう片方は閉じているときの確率の和ではない。[4] 量子確率の合計は合わない――干渉し、打ち消し合ってしまうことさえありうる。この点は、ファインマンが二重スリット実験を、量子力学の「唯一の」謎を表す例として選ぶほどに根本にかかわっている。

したがって、「量子的全確率の公式」と呼ばれるＱＢイズムの新たに導いた式が古典的な全確率の方式からずれるのは、ただ驚くというよりむしろほっとすることだ。しかし二つの式は実によく似ていて、違いは小さな余分の――とことん量子力学に由来する――項だ。そしてその修正は、もしかしたらと思われたかもしれないが、それとは違い、プランクのどこにでも出てくる定数hとは関係していない。ある意味で追加の項はプランク定数よりもさらに根本的だった。

その小さな量子的ずれが実際に何なのかを明らかにする前に、私の不作為の罪を告白しなければならない。科学では、人生と同様、予想外の障害が姿を見せる。これまで述べてきた式は証明されている。ただし、前進を阻む、面倒な、純粋に数学的な細部が残っている。この細かい隙間は、何人かの数学者や数理物理学者による小さな国際的集団の関心を引いたが、その答えは予想はつきやすいものの、証明はなかなかつかめなかった。これまで十年もの努力をはねつけているが、その過程でそれまで予想もしなかった純粋数学の美しい関係が明らかになった。数学者のジョン・ヤードは、この予想は一九〇〇年にダーフィト・ヒルベルトが提起した有名な二十三の未解決問題の一つに繋がるのではないかとさえ唱えた（この二十三問はその後いくつかが解決されて、元の半分程度にまでなっているが、残ったものが数学者に立ちはだかり、刺激を与えつづけている）。この予想が確かめられ、ヒルベルトの問題を解く助けになれば、あるいはその一部になれば、ＱＢイストはあらためてそのヒューリスティックな力を実証し、それによって数学者からも物理学者からもさらに尊重されるだろう。[5]

全確率の公式に戻ろう。この法則の量子版を古典版から区別する項は、結局、当該の系の量子次元と呼ばれる、文字dで表される整数だった。量子次元は時間や空間とは何の関係もなく、量子系が占めることのできる状態の数に関係する。それは波動関数が動作する抽象的な空間での次元で、それが表すのは波動関数が行列として表されたときのスプレッドシートの大きさだ。たとえば**キュービット**の量子次元は、**キュービット**球が二次元の面を有していることを反映して2となる。ＧＨＺの電子の三体系については$d=8$だが、dが無限大にまでわたりうる系もある。

量子次元は系の量子的性質を規定する、固有の、他に帰着できない属性で、プランク定数よりも根本的に、古典的な挙動から離れることのしるしとなる。クリス・フックスはその物理的意味を、質量が物質的対象の慣性と重力にかかわる特性を規定するようなものだと言う。量子次元はすべての量子力学計算に暗黙のうちに伴っているが、量子的全確率の公式に出てくるのとは違い、明示的に現れることはまずない。人間の知覚作用をはねつけるのは物質世界の自然な特徴で、それは質量によって空間が至るところで相対論的に歪んでいても、私たちの感覚では捉えられないようなものだ。

まだ見つかっていない数学的証明が見つかったら、ＱＢイストは新たな強力なツールを手にすることになるだろう。量子次元の実践的な意味を肉づけすれば、なぜ量子かの問題に答える方向への大きな一歩になる。同時に、量子的全確率の公式は、ファインマンが言っていた、私たちの理解を深めることになる根本的に新しい波動関数抜きの量子力学の表し方の土台になるかもしれない。もちろんそれがフックスの希望だ。具体的には、フックスは量子的全確率の公式を、量子論の主要な公理に据えたいと思っている。

マーカス・アップルビーは、細部をつめた展開というよりはずっと憶測の側に寄ってのことだが、ＱＢイズムはそもそもの性質によって、人間の自意識、自由意志、心身の関係といった昔からの問題群を解きほぐすのに必要とされる、心理学と物理学の橋になるかもしれないと説く。少なくともＱＢイズムは、物理学をデモクリトスの呪縛――私たちは世界を、自分たちの外にある、私たちの考えや感情や知覚とは切り離された純粋に客観的な言葉でこそ真に理解できるという間違った前提――から解放する。その最初の解放する段階がなかったら、デモクリトスの呪い（「浅ましい精神かな……おまえの勝利はおまえの失墜である」）はいつまでもつきまとうだろう。

しかし私たちは辛抱しなければならない。何せギリシアの原子論から今日の走査型トンネル顕微鏡による実際の原子の像まで、二千年がかかっているのだ。

アップルビーは、科学史の次の段階が到来することについては二千年とまでは思ってないらしい。物理学と心理学を統合して心理物理学のような総合をなそうとする道についての話をしているとき、アップルビーが私に告げたそのような企ての達成にかかるかもしれない時間は、「数百年」だった。今日の息を呑むような科学のペースからすれば、その推定は敗北を認めたようにも思えるが、アップルビーは数学者で、待つのには慣れている。たとえばフェルマーの最終定理が証明されたのは、三百五十七年の失敗の積み重ねを経た一九九四年のことだった。アップルビーのようなＱＢイズムの将来性についての長期的展望は、物理学者よりも数学者や哲学者のところに自然に下りてくるものだろう。

QBイズムの当初の三本柱の一人、リュディガー・シャックはもっと自信を抱いていて、二〇一四年に「最後に予測をしてみましょう。新しい世代の科学者がQBイズムの思想に触れている二十五年後には、QBイズムはあたりまえになり、量子の基礎づけは問題としては消えているでしょう」[6]と言っている。

その間、何をすればよいのか。マックス・プランクはこんなことを言ったことで有名で、シャックも同様のことを言っている。「新しい科学的真理が勝利するのは、その反対勢力を説き伏せてその光を見せることによるのではなく、反対派が結局死に絶えて、最初から新しい真理になじんでいる新たな世代が育つからだ」[7]。実際の科学史の流れの記述としては、この評価は単純化しすぎているかもしれないが、苦労して新しいパラダイムを世界にもたらす人々のための注意としては、学ぶべきところがある。次世代の人々が新しい理論になじむようになれる唯一の道は、それについて勉強することだ。QBイストは、自分が新しい情報を獲得した経験は科学が進展する絶妙な仕組みだと信じていて、それによって、自分の考えを広く、明確に伝えるようにと言われている。プランクの言うところでは、広報は威嚇に優るからだ。

クリス・フックスはこの戦略を具現している。愛嬌のある笑顔、当意即妙の応答、尽きせぬ熱意で世界中を現代の吟遊詩人のように回っている。その楽器はノートパソコンであり、メロディーは数学で、羊皮紙はパワーポイントだ。そんな武装でQBイズムの糸を世界中に広めている。その旅行の途上で、幅広い共同研究者、同業者、学生、友人、批判派の輪を集め、大規模にメールによるやりとりを行っている。その狙いは、従来の量子力学を先人から渡された古い世代の物理学者（私もそこに属する）が死に絶える間に、確実に新たな世代をＱＢイズムになじませることだ。徐々にその努力は身を結びつつあり、新たな改宗者を獲得している。結局ＱＢイズムが「新しい科学的真理」、つまり一九〇〇年にマックス・プランクがやけっぱちで立てた量子仮説に始まる長い紆余曲折の一里塚として勝利するのは確実だと、私は思っている。

付録　量子力学の四つの旧解釈

一九二五～二六年に量子力学が考案されて以来、その数学的形式の意味については十あまりの解釈が唱えられ、それぞれにいくつもの派生形が出てきた。そうした解釈には理論の実用的応用に影響するものはないので、実験による補強あるいは否定からはおおむね遮断されている。その結果、その相対的な人気はゆらいでも、アイデアの市場から完全に消えてしまうこともない。QBイズムは最も過激(ラジカル)な解釈と言える。QBイズムは、受け入れられている量子力学の数学的法則に基づいてそれに理論的上部構造を加えるのではなく、確率、確定性、測定といった理論の基本成分の意味を改訂することによって、その法則の根を掘り下げる（ラジカルの「ラジ」はラテン語で「根」を表す言葉に由来する）。

以下に今のところ優勢な解釈を、物理学者の非公式の（科学的には意味のない）投票による人気順に四つ挙げる。[1]

コペンハーゲン解釈

この解釈は、ニールス・ボーアの研究所があったコペンハーゲンから名をとられている。そこで主としてボーアとハイゼンベルクが、他の人々の重要な貢献を加えて、正統的な形の量子力学を展開した。ＱＢイズムはコペンハーゲン解釈の多くの成分を残しているが、いくつか根本的に一致しない成分がある。

量子系の観測可能な特性はまとめて「量子状態」と呼ばれる。量子状態は波動関数、またはそれと同等のことだが行列で記述される。一般に、波動関数には-1の平方根などの虚数が含まれる。波動関数からは標準的な規則によって確率（0と1の間の実数）が導かれる。確率は実験による観測や測定のありうる結果を指している。

測定は何らかの形で初期量子状態を、実際の実験結果に対応する新たな状態に収縮させる。毎回同じ方法で準備された量子系についての実験を繰り返しても、二つのサイコロを振るのを繰り返す場合のように、異なる頻度のランダムな結果が生まれる。

ＱＢイズムはコペンハーゲンと同じ数学的形式を維持しつつも、波動関数、確率、収縮の解釈は異にする。ＱＢイズムでは、特定の系についての波動関数は、普遍的に合意され、観測者からは独立した式ではなく、それぞれの行為主体に個人的な表現だ。それはそれぞれの行為主体の知識に依存しており、したがって主観的になる。ＱＢイズムの波動関数から導かれる確率は、客観的・頻度主義的ではなく、主観的なベイズ流の信じる度合いに対応する。波動関数の収縮は物理的事象――実験によって引き起こされる系の状態変化――ではなく、新たな情報の獲得に基づく、ベイズ流の確率割当ての更新のこととなる。

多世界解釈

波動関数の収縮という問題を回避する最も直接的な方法は、収縮を消すことだ。思い切った手であり、近年は支持者を増やしている。多世界解釈はなめらかに、予測どおりに進展する波動関数を伴う一個の宇宙の状態を仮定する。実験では波動関数は収縮しない。波動関数も何もかも含めた宇宙全体が、ありうる結果の数だけ枝分かれする。観測者はそのうちの一つの結果だけを知り、その分岐で生き続ける。つまり宇宙は広大な多世界に絶えず分岐し、そこでありうるすべての結果が、ありうる無限の、互いに連絡はしないがそれぞれ現実の、いずれか一つの宇宙で実際に起きる。

この解釈に対する主要な反論は、私たちの想像力に途方もないことを求めるところにある。もっと細かい問題点としては、分岐の原因を説明できないところや、宇宙の波動関数から特定の確率を導く規則の根拠がわかりにくいところなどがある。

パイロット波あるいはガイド場解釈

一部の物理学者は、電磁気学や一般相対性理論のような場の理論が成功したことに触発されて、現に受け入れられている量子力学の数学的な仕掛けから始めてそれを新しい様式に書きなおす解釈を採り、アインシュタインも一時期この陣営にいた。この手順は、粒子の運動を決定論的な予測可能な形で支配する力をもたらす物理的に実在する場に似た表現を生む。この場は電磁場や重力場と似てはいるが別物だ。何個かの粒子（N個とする）があると、この「量子力」の暗示的イメージが崩れる。その場合の場は私たちのおなじみの三次元空間には存在せず、抽象的な$3N$次元空間にある。なじみのない特性は従来のコペンハーゲン波動関数と共通だが、それが、直観的であることが魅力のガイド場の値打ちを下げる。もっと困るのは、ガイド場が明らかにニュートンの重力のように非局所的であるところだ。特殊相対性理論と矛盾せず、スピンを含むようにパイロット波解釈を修正したものが唱えられ、議論されている。

自発的収縮理論

この種のモデルは従来の量子形式にまったく新しい機構を加えるので、解釈ではなく理論と呼ばれる。この見方での収縮は、観測者が誘発する引き金を必要としない自然な事象で、それは自然発生的に起きるが、稀なので、個々の小さな量子系の相互作用には影響しない。しかし量子系が測定装置など、大規模な古典的装置と相互作用するときは、波動関数全体が収縮するほどに作用が増幅される。このモデルの欠点は、自発的収縮は説明されないランダムな事象で、その正体は、この理論が置き換えようとする当のコペンハーゲン解釈の観測者が誘発する収縮と同じように不可解なところだ。

謝辞

まず誰よりも、私がQBイズムについて知っていることをすべて教え、自身では意図せずして本書の生みの親になってくれたクリス・フックスに感謝する。マーカス・アップルビーやデーヴィッド・マーミンとの会話やメールのやりとりが細かい疑問の多くを解明してくれた――私が二人の見方を正当に述べていることを願う。ロイ・チャンピオン、ディーク・デュシンベール、アーサー・アイゼンクラフト、ドン・レモンズ、トム・プルーイット、私の弟カール・フォン・バイヤーなど、何段階もの原稿に辛抱強く眼を通してくれて意見をくれた方々にも。妻バーバラ・ワトキンソンと娘マデリン・フォン・バイヤーの励ましと支えがなかったら、本書は完成しなかっただろう。本書の挿絵を描いてくれた下の娘リリ・フォン・バイヤーとともに仕事をできるのは、いつも楽しい。みなさんに私の心からの感謝を申し上げる。

解説：QBイズム解体

芝浦工業大学　システム理工学部　木村元

客観…人間の行動・思惟には関係なく独立に存在する物質・自然。
主観…外界を知覚、意識する主体。
——『講談社国語辞典 第三版』

量子力学ほど奇妙な学問は存在しないと思う。「思う」とは書いたが、これは私の**主観**ではなく、科学史上、**客観**的な事実であると言っても過言ではない。もっとも、「奇妙という感覚自体が**主観**である」という指摘がくるであろうから、**客観**的な史実を説明した方がよいだろう。

まずはじめに断っておくと、量子力学は、現代物理学の支柱であり、現代科学技術の欠かせない基盤でもある。あらゆる素粒子現象、原子の安定的構造、化学現象や磁石の仕組みといった身近な性質から、半導体、レーザー、超流動や超電導といった不思議な物性までを見事に説明する。その勢いはとどまることを知らず、近年では、量子暗号や量子コンピュータといった量子情報科学の発展が目覚ましく、量子力学は、近未来の情報通信技術の基盤ともなると期待されている。今や人類は、世界の不思議な現象を上手く説明できる「便利で万能な道具」を手に入れたと言っても過言ではない。

それにもかかわらず、量子力学を勉強すればするほど、そして、量子力学の専門家であればあるほど**「量子力学を理解した気になれない」**と白状することになる――これを奇妙と言いたいのである。例は枚挙にいとまがない。量子力学のゴッドファーザーと言われているボーアは「量子論に衝撃を感じない人は、それを理解していないのだ」と断じたし、『ファインマン物理学』でも有名なファインマンも「誰も量子力学を理解していないと言ってもよいだろう」と語っている。量子力学の創生にも貢献したアインシュタインも最後まで量子力学（の完全性や解釈）に反対し、基礎方程式を発見したシュレーディンガーに至っては、「もし、この忌々しい量子飛躍(1)に固執しなければならないのであれば、量子力学にかかわったことを後悔する」とまで言っている。そしてこの奇妙な状況は、現在になって衰えるどころか、ますます高まっているのである。

結局のところ、多くの物理学者は、量子力学は「使える」道具ではあるが、それを「理解」することが難しいと感じている(2)。誤解を恐れずに言うと、量子力学は一種のオラクル（神託）とたとえることもできる。オラクルに適切に問いかけると、正しい答えを教えてくれるようになっている。しかし、果たしてそれで自然を理解したことになるのだろうか？　道具として使えることと、それを理解することには大きな隔たりがあるのではないだろうか？　量子力学が語る世界像に関する解釈には、なお統一的な見解がないのが現状である。

＊

本書の主題である「QBイズム（QBism）」は、このような現状を打破するために、新しく打ち出された量子力学の解釈の一つである。その基本精神は二〇〇二年、量子力学の基礎や量子情報科学の分野で活躍するケイブス、フックス、シャックにより提唱され、その後、多くの研究者（3）による支持を得て、現在では「量子ベイズ主義」と呼ばれている学派を形成している（4）。その最大の特徴は、**量子力学に現れる「確率」（正確には、量子状態）の概念を、「客観的」なものではなく、「主観的」なものとして解釈する**点にある。世界をそれぞれの観測者（行為主体）を通じた目で捉える——必然的に、世界の記述は**主観的**になるという。

*

こう言うと、何やら怪しい本に思えるかもしれない。多くの読者は、「自然科学は、主観的なものを排除し、世界の客観的な記述を追求するものではないか？」と訝しく思うことだろう。そして、そっと本を閉じようとしているかもしれない。

だが少し待ってほしい。そのように思った読者にこそ、本書（そして、原論文［1］）を精読してほしい。実際量子ベイズ主義は、量子力学の伝統的な解釈である「コペンハーゲン解釈」（本文付録参照）の多くの精神を引き継いだ亜種版と理解することができる。とりわけ、量子力学の不思議な現象を積極的に活用し、自然理解の情報理論的な視点をこれまでになく際立たせている量子情報科学［2］の影響を強く受けて発展したものである。さらには、宇宙物理学で有名なホイーラーが唱えた「情報から物へ（It from bit）」や「参加型宇宙（Participatory Universe）」という、新しい自然観を形成する壮大なプロジェクトの一環でもある［3］。このように、量子ベイズ主義は、多くの物理学者が

「自然の正しい見方」の候補として大真面目に論じ合っているものであり、注目に十分値する。以下本解説では、本書の補完として、ＱＢイズムについてできるかぎり**客観的**な視点で解説を試みる。

本解説を書くにあたり、ＱＢイズムの創始者の一人であるフックス氏とはメールで様々な議論をさせていただいた。フックス氏には、膨大な資料を教えてもらい、私の稚拙な質問や議論にも快く付き合っていただいたことを深く感謝する。もっとも、本解説で主張していることが同氏の考えであるわけではなく、不正確な言明や誤りは、すべて私の責任であり、読者の判断をあおぎたい。また、時間の都合もあり、この解説文には、フックス氏とのやり取りはほんの一部しか反映していない。とくに、本解説の後半で紹介するＱＢイズムに対する（やや批判的な）考察に関しては、現在も議論を継続しており、いずれ別の機会で述べたいと思う。

【本書の読み方の例】

初めて量子力学に触れる読者は、まえがき、ならびに、第Ⅰ部から読むべきである。あるいは、本文に入る前に、本解説や訳者あとがきを読んでもよいだろう。すでに量子力学の不思議さなどに精通している読者や専門家は、第Ⅰ部は読み飛ばし、第Ⅱ部、もしくは、第Ⅲ部から読むことをお勧めする。ＱＢイズムの考えに懐疑的な読者は、本解説を先に読んでから、本書ならびに原論文に目を通すことをお勧めする。

世界は非決定的にできている

ＱＢイズムを検討する前に、量子力学の伝統的な解釈では——古典物理学とは異なり——物理現象の非因果性、すなわち、事象が非決定的に生じることを認めることを確認されたい。量子力学が予言するのは、観測結果に対する確率である。そう、あの「サイコロ投げ」や「天気予報」などで現れる「確率」と同じである。量子力学は、たとえば「電子の位置（場所）を**観測したとき**、0.2（20％）の確率で、この位置（正確にはとある区間）に現れる」ことを正確に教えてくれる。以下、我々が注目するのは主に「**確率**」をめぐる解釈である。

実際、ＱＢイズムが伝統的なコペンハーゲン解釈と大きく袂を分かつ点は、主に確率の解釈の仕方にあるようだ。伝統的な解釈では、確率を頻度解釈に基づき客観的なものと捉えるのに対し、ＱＢイズムでは、量子力学に現れる確率を——たとえボルンの確率規則で予言される確率であったとしても——ベイズ確率（主観確率）として、すなわち、行為主体の**信念の度合い**として解釈するのである。以下では主にこの点に絞り、ＱＢイズムがいかにして確率に主観性を導入するのかまとめてみたい。

素朴な実在論の断念

語りえぬものについては、人は沈黙しなければならない
——ウィトゲンシュタイン

量子力学は、粒子の位置や運動量などの**観測をしたとき**、個々の観測値の出現確率を驚くほどの精度で予言することができる。他方で、量子力学は「観測をしていない」ときのことは、一切語らないことを注意しなければならない。たとえば「観測をしていないときの電子の軌道」などを尋ねても、慎重な物理学者であれば、何も答えることはないであろう(5)。

こう言うと「観測をしていないときのことを語れない量子力学は、未だ完成していないのではないか？」と考える読者もいるかもしれない。実際、一九三五年アインシュタインは、ポドルスキーとローゼンとともに、巧みな思考実験を考案して、量子力学の完全性を攻撃した（EPRパラドックス、14章参照）。通常は確率で記述されるサイコロ投げを例にしても、サイコロを投げる際の位置や速度、角度などの隠れた情報（以下、隠れた変数）を詳細に調べれば、どの目が出るかを決定的に予言することができるだろう。すなわち、確率とは「情報の不足」を反映したものであり、隠れた変数を補うことによって、不確定度を消すことができるという考えである。いわゆる、ラプラスによる「確率の無知解釈」である[4]。このような隠れた変数理論は、観測とは無関係に物理量の存在を想定する実在論を含むより広い考え方であるため、以下では（広義の）**実在論**と呼ぶことにする。実在論は、古典物理学のような客観的な自然像を描いた、いわば常識的な考え方ということもできる。量子力学にも、未だ見つかっていない隠れた変数が存在し、確率を無知解釈に基づいて理解す

ることはできないだろうか？

驚くべきことに、現在では、**自然な仮定**を満たすいかなる実在論も、量子力学を、ひいてはこの世界を説明することはできないことがわかっている。ここで自然な仮定とは、主として局所性を指している。平たく言うと「遠くの影響が瞬時には伝わらない」という自然な要請である。一九六四年、ベルはあらゆる局所的な実在論が満たす普遍的な性質（14章では、GHZ状態の例が紹介されている）を見出し、量子力学はそれを満たさないことを証明してみせた。重要なことに、この性質の成否は直接**実験で検証できる**ものであり、一九八〇年代以降に行われている精力的な実験の結果、この性質は――**量子力学が予言したとおり**――満たされないことが示されている。すなわち、客観的な自然観を提供すると期待された局所的な実在論では、この世界を説明することはできないのである。局所性の重要性（6）を誰よりも認識している物理学者は、古典物理学のような素朴な実在論を放棄せざるを得ない（7）――量子力学が「観測をしていないときの実在」を語らないのには、こうした理由があるのである。かくして量子力学は――観測をしたときのことしか語らないにもかかわらず――完全な理論であると考えられている。量子力学に現れる確率は、ラプラスの無知解釈のような単純なものではなく、真のランダム性を含んでいるのである。

なお、現在では、局所実在論では説明のつかない状態は**エンタングルド状態**（もつれ状態、絡み合い状態）と呼ばれ、量子コンピュータや量子暗号、量子テレポーテーションなどの様々な量子情報処理に活用できることがわかっている［2］。

*

それでは、世界の客観的な記述を復活させることはできないのだろうか？　局所実在論の困難を乗り越えて、なお客観的な統一的自然像を得ることができるのだろうか？　この問題は、極めて壮大かつデリケートな科学哲学の問題でもあり、早急な結論を出すことはできない。実際伝統的なコペンハーゲン学派(8)の間でも、認識の相違がある。そこで、以下ではＱＢイズムが主張する確率解釈に対する「客観性の否定」に焦点を絞って論じたいと思う。

実際、多くの物理学者たちは、少なくとも「頻度主義」を採用することで、確率解釈に客観性を担保している。これに対しＱＢイズムでは、確率を徹頭徹尾主観的に解釈することで、むしろ**積極的に世界の客観的記述を放棄する**のである。

量子状態は客観的に定まるか？

物理学では、対象とする物理系の物理的特性を記述するために「状態」の概念が重要な役割を果たす。たとえば、「あなた」という物理的対象に対し、「調子が良い」や「調子が悪い」などの様々な状態を考えることと同じである。量子力学では、物理系の量子状態を数学的に**波動関数**（一般的には、密度行列）により記述する（波動関数の概念に不慣れな読者は、本節を読む前に、第Ｉ部を一読されたい）。波動関数には、あらゆる物理量の測定を行ったときの測定確率を計算することのできる全情報が含まれている。実際、状態の操作主義的な定義として「あらゆる測定を行ったときの、物理的応答（量子力学では確率）を定めるもの」(9)を採用することができる。ひとたび波動関数（ならびに測定）を固定すると、ボルンの確率規則を通じて、量子状態を条件とする測定確率が一意に定まる。なお、この点に関しては、**コペンハーゲン解釈もQBイズムも同じ立場を取っている**。この意味において、QBイズムにおいても、自然法則の客観的記述を保証するわけである。ところが、そもそも、量子状態は一意に定まる客観的なものと考えてよいだろうか？　万が一、量子状態が行為主体に依存して変わりうるのであれば、同じボルンの確率規則を通じて得られる確率も、客観的なものということはできない。すなわち、量子力学が予言する確率は――少なくとも量子状態の割当てに依存するという意味において――主観的になる。

コペンハーゲン解釈の創始者とも言えるボーアは、量子力学解釈の土台に決定論である古典物理学（古典的概念）を置くことにより、主観の排除に極力努めている[6]。物理系の状態は、それを準備する（実験装置）の設定により定まることを踏まえ、その準備自体は「古典物理学によって決定的に定めることができる」ことを要請する。つまり、量子状態の準備の方法に関して客観的記述を認めるのである(10)。

それでは、状態準備の客観的な記述に基づき、量子状態を（究極的(11)に）一義的に定めることはできるのだろうか？　実は再び「局所性の要請」をすると、状態の割当ての一義性には不自然さが残されてしまうことがわかる。これを理解するために、互いに遠く離れた二つの粒子対AとBで、以下の性質を満たす量子状態（エンタングルド状態）を考える：粒子Aの位置を測定すると粒子Bの位置が確定し、粒子Aの運動量を測定すると、粒子Bの運動量が確定する。これは、先に紹介したアインシュタインたちに導入された量子状態（EPR状態）である。

ところで、コペンハーゲン解釈によると、実際に測定をすると、波動関数は収縮することになる。シュレーディンガーが忌み嫌った「量子飛躍」のことである。ここで、この収縮の仕方は、何を測定するかに応じてまったく異なるものになることに注意する。たとえば、粒子Aの「位置」を測定するのであれば、Bの状態は「位置の確定した状態」に収縮するのに対し、粒子Aの「運動量」を測定するのであれば、Bの状態は「運動量の確定した状態」に収縮する。そこで、アインシュタインたちは、局所性の要請から、粒子Aに行われる測定行為が、遠くにある粒子Bに物理的影響を与えることはないと考え、測定に先んじて粒子Bの実在（隠れた変数）を考えなくてはならないと考えた。さて、量子力学によると、位置が確定した状態と運動量が確定した状態は互いに両立しないことが知られているため（不確定性原理）、量子力学にはこれらの実在を取り込む余地がない。これらのことから、彼らは量子力学は不完全であると結論づけたのであった。しかし、この一見魅力的な考え（局所的な実在論）が、ベルによって否定されたことはすでに説明した。それでは、遠い地点で行われた行為が瞬時に伝わるような、非局所性を認めなければならないのだろうか？

QBイズムは、量子状態の客観的で一義的な割当てを放棄することにより、局所性の要請を擁護する(12)。実際、粒子Aを測定する行為主体（アリスと呼ぶ）にとっては、量子状態は上述のように変化するが、これはあくまでも**アリスにとって**の粒子AとBに関する知識である。つまり、粒子Aの位置（あるいは運動量）を測定したアリスには、今後粒子Bの位置（あるいは、運動量）が測定されるときにその測定値が何になるかを確信できる、ということを意味しているにすぎないのであって、決して物理的な影響が遠隔地に伝わったわけではない。実際、粒子Bを測定する異なる行為主体（ボブと呼ぶ）がアリスの測定の種類や測定値を知らないのであれば、ボブは粒子Bに異なる量子状態（確率混合の状態）を割り当てることになる。

このように、同じ物理系であっても、必ずしも客観的な状態記述が自然とはならない例がある。同じボルンの確率規則に基づく確率であっても——量子状態の割当ての相違による——異なる確率の割当ては起こりえるのである。

頻度主義の再考

ＱＢイズムの確率解釈はさらに急進的である。仮に同じ量子状態の割当てを行っている場合であっても、量子力学に現れる確率はすべて「主観的に」解釈するべきと主張する。とりわけ、確率の頻度解釈をまっこうから否定するのである。

ここで、確率の解釈について簡単におさらいをしておきたい。まず、確率の数学的理論では、通常コルモゴロフの確率論として知られる厳密な公理体系が完成している［8］。確率は、人文科学や社会科学を含めた幅広い分野に広がっているが、多くの場合はコルモゴロフ流の確率論を理論の土台として採用しており、これにチャレンジするという野心的な話はまれである。ところが、同じ確率論に基づいていても、確率の解釈に相違が生じうる。この事情は、量子力学において、同じ数学的理論に基づいていながら様々な解釈が生じることとまったく同じである。

これまでにも何度か登場した頻度主義では、確率を**事象の頻度**に基づき解釈する。あるランダムに生起する現象の実験を繰り返し行うとき、その試行回数をn、事象Eが生起した回数をn_Eとして、その比n_E/nを頻度と呼ぶ。たとえば、同一のサイコロをn=100回投げ、そのうち偶数の目（2、4、6の目）が出た回数がn_E = 46回であったとすると、その頻度は46/100 = 0.46となる、といった具合である。頻度主義では、試行回数を十分大きくとると、この頻度がある一定の値に漸近すると考え、それをもってして確率とするのである。すなわち、事象Eが起こる確率（Probability）は、$\Pr[E] \approx n_E/n$、ただし、nは十分大きいとする（有限頻度主義）。あるいは、試行回数の無限大極限として$\Pr[E] = \lim_{n\to\infty} n_E/n$と定義する(13)。たとえば、（歪んだ）コインを投げるとき、表が出るという事象Eの確率が$\Pr[E]$ = 0.8であるとしよう。頻度主義はこのことを「十分たくさん試行をすれば、頻度が0.8に近づくことが期待される」と考える。試しに手元のコンピュータを用いてこのコイン投げのシミュレーションを行ってみた結果、n = 10回のときの頻度は0.6、n = 1,000回のときの頻度は0.814、n = 1,000,000回のときは0.800215となり、理論値0.8に漸近する様子が観測された。また、頻度解釈がコルモゴロフ流の確率論に従うことは、頻度の性質から極めて自然に導出される。逆に、コルモゴロフの確率論を起点とすると、試行回数を増やしたとき頻度が確率に近づくという「大数の法則」が厳密に成立することから、コルモゴロフの確率論は、頻度解釈を厳密化した数学モデルとして受け入れられているのである。

量子力学が予言する確率も、通常は頻度主義に基づいて解釈する(14)。少なくとも、量子力学の計算結果を実験検証する際には、多数回実験を行って得られる頻度とボルンの確率規則を照らし合わせることになる。

ところが、QBイズムでは、頻度解釈を量子力学解釈の基礎と置くことには無理があると考えているようだ。たとえば、頻度解釈では（仮想的にせよ）何度も同じ実験を繰り返すことができる(15)ことを前提とするため、それができないような現象に、頻度解釈を適用することはできない。量子力学が主に対象とする素粒子や原子、化学現象などでは、繰り返し実験が可能であるため、実際的な問題は生じない。ところが、宇宙の歴史や一人の人間の人生など、おそらく一回しか起こらないような現象であっても、自然科学の立派な対象となるものである。

また、頻度主義の確率の定義自体にも曖昧性が残されている。確率を頻度で近似すると言っても、いったいどのくらい多くの試行回数を重ねればよいのだろうか？ 通常は、大数の法則がこれに答えてくれると考えるのだが、ここにはちょっとした循環論法が入り込む。平たく言うと、「頻度と確率が同じになる**確率**をいくらでも1に近づけることができる」といった言い方をするからである。つまり、確率の解釈をしているのに、「頻度解釈ができる確率が高い」と確率を使用しているのである。より定量的な主張としては、「任意の小さな$\delta>0$（誤差）と、任意の（小さな）$\epsilon>0$（有意水準）に対し、ある回数n以上試行をするのであれば、頻度と確率の差がδ以下に収まる確率を$1-\epsilon$よりも大きくすることができる」といったややこしい言い方となる。通常の統計学や自然科学では、有意水準を0.05や0.01などに約束することでこの問題に対応する。ところがこの有意水準は、それこそ客観的なものということはできず、むしろ社会的なコンセンサスといったところであろう。

頻度主義の他の欠点は、本書の第Ⅱ部やたとえば［9］を参照されたい。このようなことを鑑みると、概念レベルで頻度主義を自然科学の土台とするのは難しいのかもしれない。

個人の信念の度合い——ベイズ確率

かくして、量子力学に現れる確率を無邪気に客観的に解釈することについては反省しなければならないのは確かである。それでは理論が予言する「確率」をどのように解釈すればよいのであろうか？　ＱＢイズムでは、確率の客観的記述を放棄し、「主観確率（ベイズ確率）」として考えることを提唱する。すなわち、確率を個人（行為主体）の「信念の度合い」として解釈するのである。ベイズ確率は、個人の主観であるために、同じ事象に対しても、異なる確率（信念の度合い）を割り当てることが許される。たとえば、宇宙人（知的生命体）が存在するかに関して「10％くらい？」と懐疑的な人もいれば、あるいは「90％はいる！」と信じている人もいるだろう。

ところで確率が信念の度合いにすぎないのであれば、確率として何を割り当ててもよいのであろうか？　そもそも、信念の度合いがコルモゴロフの確率論に従う必要があるのだろうか？　たとえば、通常の確率は０以上１以下（０％以上１００％以下）を満たさなければならないが、「２００％の確率で成功してみせる！」などと息まいても何の問題もないのだろうか？

科学、そしてQBイズムで現れる主観確率は、合理的な行為主体の信念の割当てを採用することでこの問題を回避する。たとえば有名なダッチ・ブック論証（たとえば［12］、また、本解説の註17を参照）は、「確率（信念の度合い）の割当てをコルモゴロフの確率論に反する仕方でしてしまうと、必ず損をする賭けが構成できること」を示すことができる。言い換えると、（損をしたくない）合理的な行為主体は、信念の度合いを通常の確率規則に従って割り当てなければならない。このようにして、主観確率もコルモゴロフ確率論に従う確率解釈の一つとなる。そもそもQBイズムでは、ボルンの確率規則を含む通常の量子力学の数学的構造を採用するため、QBイズムに現れる確率も――決して何でもありではなく――通常の確率論に従うものであることを注意しておく。

なお、QBイズムとは関係なく、ベイズ確率に基づくベイズ統計は、昨今社会科学から工学、IT分野に至るまで幅広い分野で活用されていることを記しておく。とくに、その目的が発見法的なものにある場合――間違ってもよいから、正しい答えにたどり着きたい場合――、ベイズ更新を繰り返し用いることにより、きわめて強力で使える道具となっている（ベイズ確率の歴史や解説は、たとえば［10］を参照）。

主観確率は量子力学を説明できるのか?

それでは、QBイズムの主張するように、量子力学の確率を主観確率として考えることは自然なのであろうか⒃？　本書では、ＱＢイズムによって多くの量子力学のパラドックスが解決できると謳っているが、必ずしもすべてには賛同できないと私は思っている。

まず、本書（11章）では、シュレーディンガーの忌み嫌った「波動関数の収縮」の謎がなくなると主張している。なるほど、確かに行為主体の信念の度合いを割り当てるＱＢイズムでは、測定によって情報（知識）を得ることにより、新しい状態に更新することはごく自然な考えなのであろう。たとえば、中身が見えないブラックボックスに入っているサイコロを想像してほしい。ふたを開ける前は、どの目が出ているか知らないので、サイコロの各目が出る確率はすべて1/6と割り当てる。そこで、ふたを開けて見ると「４の目」が出ていたとしよう。すると、サイコロの目の確率は「４の目」が出る確率が１（確実）に、その他の目が出る確率を０と再割当てをするであろう。何も量子力学やベイズの公式を持ち出さずとも、情報取得によって確率を更新することは、ごく自然な考え方である。波動関数の収縮も、行為主体の情報取得の結果起こる自然なものと考えられる。

残念ながら、**量子力学の波動関数の収縮の不思議さは、このような考え方で解消できるほど単純なものではない**のである。これを理解するために、量子力学における波動関数の収縮は、次のような不可解な現象を含んでいることに注意しなければならない。たとえば、ある行為主体にとって、その位置がある程度確定している電子に着目しよう。この電子のさらなる情報を得ようとして、電子の**運動量**を測定してみると、運動量の確定した状態に収縮することになる。運動量の情報を得たのだから、この状態更新は自然であろう。ＱＢイズム万歳！

ところがこの波動関数の収縮は次の事実も含意しているのである。せっかく電子の位置についてある程度の情報を持っていたにもかかわらず、運動量の測定後には、位置に関する情報が完全に失われてしまうことになるのである。これは、有名な不確定性関係から得られる帰結である。すなわち、量子力学は、ある物理量の測定が、不可避的に、他の物理量（とくに、相補的な物理量）を乱すという普遍的な性質を備えている。

本書が主張するように、単純に物理量の測定による情報取得で状態が更新されたと考えても、なぜ他の物理量が乱されてしまうのかという謎には答えていない。

＊

続いて本書では、ＱＢイズムは「ウィグナーの友人」（11章参照）を解決すると主張している。詳細は本文を読んでいただきたいが、これは「測定結果の客観性」に対するパラドックスと言える。簡単に述べると、波動関数の収縮が「ウィグナーの友人（以下、友人）が観測を行ったとき」に起こるのか、あるいは、「ウィグナーが友人に測定値を聞いたとき」に起こるのか、という問題である。確かにＱＢイズムでは、ウィグナーとその友人は異なる行為主体であるため、それぞれに異なる波動関数の収縮が起こっても問題は生じない。つまり、ＱＢイズムでは、ウィグナーの友人はそもそもパラドックスではないのである。

これには一見魅力的な考えが含まれているが、行為主体の定義が明確に与えられていない点に問題が残されている。ＱＢイズムの提唱者であるフックスによると、ＱＢイズムは「唯我論」ではないと宣言されているため、複数の独立した行為主体を容認していると思われる。すると、ウィグナーにとって、友人自体、原子でできた物体であるため、ウィグナーはそれを量子力学的に取り扱うべきなのであろうか？　それとも、友人も、独立した自由意志を持つ行為主体として扱うべきなのか？　このことは、ウィグナーの友人の問題のように、複数の行為主体を扱う際、避けては通れない問題であろう。実際、量子力学を論じる際、観測者（行為主体）にとって「どの物理量を測定するのか？」に関する自由度が残されていることは、通常自由意志の名のもとに、認められることが多いことを記しておく。また、仮に独立した意思を持つ行為主体の存在を認めたとしても、ＱＢイズムは「量子力学に従う法則」と「行為主体の行動原理」という二元論を認めることになる。これは、コペンハーゲン解釈が抱える二元論（シュレーディンガー方程式と観測行為）の問題をそのまま継承していると思われる。

同様のパラドックスであるシュレーディンガーの猫に関して（12章参照）は、残念ながら私のつたない理解力では、いかなる理由で猫が救われたのか理解することはできなかった。

＊

ここで意思決定の問題について触れておきたい。この問題は、ＱＢイズムのみならず、主観確率として確率を扱う際に、合わせて論じる必要があるものである(17)。たとえ「同じ確率」を割り当てたとしても、どのような意思決定をするかは、その戦略に応じて変わりうることに注意する。たとえば「明日雨が降る確率が30％」であったとしても、「傘を持っていく」と判断する人もいるし「持たない」と判断する人もいるのである。さて、先にＱＢイズムもコペンハーゲン解釈と同様にボルンの確率規則に従わなければならないことを述べた。フックスは、「量子力学の確率は、自然の記述的（Descriptive）なものではなく、合理的な行為主体が従うべき規範的（Normative）なもの」である点を繰り返し強調している[1]。それでは、どのような意味で規範的であることを保証するのであろうか？　たとえば、宗教や道徳であっても、立派に規範的なものとなりうるであろう。QBイズムが自然科学として、規範的なものと主張するためには、確率の割当てを行った行為主体が、それに基づき意思決定をどのようにするのかまで論じなければ、答えられないのではないだろうか？（なお、この問題に関しては、フックス自身とのやり取りを継続中である。）現行のQBイズムでは、量子状態割当ておよびボルンの確率規則に割り当てられる主観確率の規範的意義に関して、とくに曖昧な点があると感じている。

展望

本書で主張されるように、また、本解説からも異なる視点で説明してきたように、量子力学は、この世界を単純な客観的な自然像として捉えることが難しいことを伝えている——少なくとも我々は、古典物理学のような単純な局所実在論の楽園に回帰することはできないのである。したがって、QBイズムのように、物理学も何かしらの方法で「主観」に向き合わなければならない時期に来ているのかもしれない。実際、人間であっても、例外なく原子でできている物質であることはまぎれもない事実である。そのような人間が、科学を営み、技術を生み出していることは、やはり、この宇宙で起こっている物理現象の一部なのである。何より、私にとっては、この世界は「私から見た世界」なのであって、そして、本書を読んでいる読者（あなた）にとっては、「あなたから見た世界」なのである。ＱＢイズムが真面目にこの問題に取り組むのであれば、各行為主体から見た世界モデルを提供し、そして、それらの連関性を理論構造として整合的に取り入れる必要があると思う。結局のところ、ロベリが言うように、説得力のある解釈とは「**量子力学の形式に合理的な解釈を付与するのではなく、実験で動機付けられた仮説から、その形式（量子力学の数学構造）を導出する**」[13] ことのできるものであろう。この試みは、ＱＢイズムも含め、また、解釈とは独立した操作主義的な観点からも、現在世界中で盛んに行われている [14]。また、逆に、このような基礎的な考察は、量子コンピュータや量子暗号、量子テレポーテーションなどの情報技術革新にも繋がっており、互いに影響を与えながら発展している。このように、基礎と応用が両輪となって発展する様子は、今後も科学哲学や科学の基礎論としての健全なケースモデルとなるだろう。

＊

最後に、量子力学の産みの親の一人であるプランクの言葉（18章冒頭に引用）を改めて引用しておきたい：

人間の古くからある謎の一つ。人間の意志の独立が、われわれが、自然法則の厳格な秩序に従う宇宙の不可分の部分であるという事実とどう調和しうるのか。

量子力学の謎が、そして、ＱＢイズムのような解釈が、この問題に真面目に取り組む契機を与えていることは確かであると思う。

二〇一八年一月十七日

木村元

註

(1) 観測をしたときに起こる量子状態の非因果的な発展。いわゆる波束の収縮（6章参照）。

(2) このことは、次のようにたとえるとわかりやすいかもしれない。昨今の多くの子どもたちは、スマートフォンを使いこなしている。どのように操作すれば、電話ができたり、インターネットやゲームができたりするのか、把握している。ところが、だからといって、センサーの仕組みや電子回路の中身まで理解している子どもたちはほとんどいないだろう。

(3) たとえば、ツァイリンガー、スペッケンス、ブルックナー、バブ、ピトフスキー、マーミンなど。

(4) 本書の主題であるQBイズムは、フックスやシャック、また、近年ではマーミンによって支持されている考え方であり、本書や本解説で取り上げるのも原則としてQBイズムとする。

(5) 少し専門的な注意：ここで、シュレーディンガー方程式を持ち出すことは危険である。確かにシュレーディンガー方程式は、孤立量子系の因果的時間変化を、しかも、観測をしていないときの時間変化を如実に語っているように思われる。ただし、あくまでもシュレーディンガー方程式が語っている量子状態（波動関数）は、「仮にその時刻で測定を行ったときに何が起こるのか」という情報の総体であることを思い出さなければならない。

(6)局所性は地味なものに思われがちだが、自然を理解する上で極めて大切な要請である。本書の14章、15章でも説明されているが、ここでは次のように考えればその重要性は納得できるだろう——我々人類は、広大な宇宙からすると、点のようなごく局所的な位置（地球）に束縛されている存在である。そのため、仮に自然法則が局所的にできていなかったら、いかなる実験をする上でも常に宇宙全体の影響を考慮しなければならなくなる。その場合、局所的な存在である我々人類には、自然界の秩序を見出すことすら難しくなってしまうだろう。幸いにして、この世界は今のところは局所的に説明できるようになっている。とりわけ相対性理論によると、いかなる物理的影響も、光の速さ（1秒間に地球を7周半するほどの速さ）を超えて伝わることがないこともわかっている。

(7)今でも、非局所性（たとえば、付録のパイロット波など）を受け入れることで、実在的な解釈を追求する学派もある。興味のある読者は、たとえば［5］を参照。

(8)一つ注意をしておくと、コペンハーゲン解釈は、一つの定まった思想として確立しているわけではない。主にボーアやハイゼンベルク、パウリといった学者たち、ならびに、それ以降発展した共通認識の最大公約数として、あるいは、ときに最小公倍数的な拡大解釈として捉えられることまである。そのため、コペンハーゲン解釈とQBイズムとの明確な境界線を引くことも難しい［1］。

(9)正確には、同一の物理的応答を示す物理系準備に対する同一視をしたもの。

(10)シュレーディンガーに宛てた手紙の中で、ボーアは次のように述べている：「実験の古典的記述が避けられないことは、現象について何かしら記述することが可能であるために、あらゆる測定設定の記述に対し、装置の空間的配置や時間的な機能を含まなければならないことを考えれば明らかに思われる」。

(11)ここで「究極的」と書いたのは、実証主義、あるいは、道具主義的な観点からは、非一意的状態を割り当てることは、次のような例においてしばしば行われるからである。たとえば、私がコイン投げをして「表が出たらスピンアップ状態、裏が出たらスピンダウン状態の電子を準備した」とする。コインの結果を知っている私は、スピンアップかスピンダウンのどちらかの純粋状態を採用するが、コインの結果を知らない観測者は、これらの確率混合としての密度行列を割り当てるだろう（本義混合）。しかし、このような情報の無知は、情報の補完によって取り除くことができる、いわば二次的な概念である。

(12) なお、このような考え方（ならびに、EPR状態）は、アインシュタインたちに先行して、一九三一年にハイゼンベルクの弟子であったワイツゼッカーが採用していたことを記しておく。ワイツゼッカーは後年ヤンマーへの私信の中で次のように述べている：「ハイゼンベルクにせよ私にしろ、いずれもこうした事態をこの三人の著者たち（アインシュタインたちのこと）の考えたようにパラドックスとはみなしておらず、むしろ**量子力学における波動関数の意味を具体的に示してくれる歓迎すべき例**とみなしていた」（[7]の6章）。

(13) なお、本文中では、「頻度主義」と以下に説明する「場合の数の比で定義する初等的な確率（古典確率）」をごっちゃにした説明が見受けられるので、十分注意されたい。

初等教育では、確率を「場合の数の比」として次のように定義する：全事象の場合の数がN、事象Eの場合の数がN_E（これらは、頻度主義の説明で用いたnとn_Eとはまったく異なることに注意する）のとき、事象Eの生じる確率は$\Pr[E]=N_E/N$、ただし、根源事象たちはどれも同様に確からしいとする。たとえば、サイコロ投げで「E=偶数が出る」という事象の確率を求めるとき、全事象は{1の目、2の目、3の目、4の目、5の目、6の目}なので$N=6$、偶数が出る事象は$E=${2の目、4の目、6の目}であるから、$N_E=3$、したがって、確率は$\Pr[E]=3/6=1/2$となる。

この考え方は「確率の定義」としてふさわしいだろうか？　ここには二つの大きな欠点がある。一つは、この定義では測定値が無限通りある場合（たとえば、電子の位置や運動量の測定）には適用できないことである。もう一つは、**同様に確からしい**という謎めいた呪文にある。実際、「同様に確からしい」の正確な定義は、「確率が等しい」ということになる。したがって、確率概念を定義しているのに、はじめからその概念を使用していることになってしまい、いわゆるトートロジー（循環論法）になっている。そもそも、同様に確からしくない場合（たとえば、歪んだサイコロを投げるなど）では、まったく使用できない定義であることを注意しておく。

⑭ 細かいことを述べると、コペンハーゲン解釈は確率解釈を受け入れるが、確率の解釈を頻度主義とすることまで限定するわけではない。むしろ、頻度主義を明示したのは、たとえばアインシュタインであり、これは通常コペンハーゲン解釈と区別される（「統計的解釈」）。なお、量子力学に確率解釈を導入したボルン自身は、しばしば統計的解釈を受け入れることを言明していた（たとえば、［7］の10章を参照）。

⑮ 通常は独立同一分布、量子力学では、独立で同一な量子状態の準備を想定する。

⑯ なお、確率解釈には、頻度解釈や主観解釈以外にも、論理解釈や傾向解釈などが挙げられる（たとえば、［11］を参照）。ここでは、QBイズムに従い、主観確率にのみ言及する。

⑰ 少し脱線をするが、関連する事柄として先に触れたダッチ・ブック論証にも、意思決定に関する問題が含まれていることを指摘しておく。ダッチ・ブック論証では、次のような賭けごとを考える。「コイン投げをして表が出たら、賞金 $S = 1000$ 円をもらえる。この賭けに参加するためには、参加費 $F = 300$ 円を払う必要がある」。果たして「この賭け」に乗るべきか？　降りるべきか？　ダッチ・ブック論証では次のように考える。ある行為主体にとって、コインが表になる確率（信念の度合い）が仮に $P = 0.5$ であったとすると、$PS = 0.5 \times 1000 = 500$ 円賞金をもらえることが**期待**できるので、参加費 $F = 300$ 円を払ってでも乗るべきであると。すなわち、合理的な行為主体者は、$PS \geq F$ を賭けに乗る**判断基準**として採用する。このことを認めると、確かにコルモゴロフの確率論に反する確率の割当ては、確実に損をする賭けごとの設計を許すことが示される。かくして、ダッチ・ブック論証は、合理的な行為主体は主観確率を通常の確率論に従うように割り当てることを導出してみせるのである（たとえば、［12］を参照）。

　それでは、合理的な行為主体は、なぜ参加基準として $PS \geq F$ を採用するのだろうか？　なるほど PS は、賞金の**期待値**である。そして、大数の法則は、この賭けを繰り返し行うと、いくらでも精度よく賞金額の**平均値**（賞金総額を、賭けを行った回数で割った値）に近づくことを保証する。すなわち、この参加基準を満たす場合、何度も賭けを行うことによって、確実に儲けることができることが保証される。**ところが、これでは、まさに頻**

度主義の考察に基づく論証となってしまっている!

参考文献

[1] たとえば、C. A. Fuchs, "QBism, the perimeter of quantum Bayesianism." *arXiv:1003.5209* (2010); ibid. "Interview with a quantum Bayesian." *arXiv:1207.2141* (2012); ibid. "Notwithstanding Bohr, the Reasons for QBism." *arXiv:1705.03483* (2017); C. A. Fuchs, David Mermin, and Rüdiger Schack, "An introduction to QBism with an application to the locality of quantum mechanics." *American Journal of Physics* 82.8 (2014): 749-754.

[2] 石坂智、小川朋宏、河内亮周、木村元、林正人『量子情報科学入門』、共立出版、二〇一二年。

[3] 佐藤文隆『佐藤文隆先生の量子論 干渉実験・量子もつれ・解釈問題』、講談社ブルーバックス、二〇一七年。

[4] ラプラス『確率の哲学的試論』内井惣七訳、岩波文庫、一九九七年。

[5] D. Bohm, B. J. Hiley, *The Undivided Universe: An Ontological Interpretation of Quantum Theory* (Routledge, 1995).

[6] ボーア『ニールス・ボーア論文集〈1・2〉』、山本義隆編集・翻訳、岩波文庫、一九九九年。

[7] マックス・ヤンマー『量子力学の哲学〈上・下〉』、井上健訳、紀伊國屋書店、一九八三年。

[8] A・コルモゴロフ『確率論の基礎概念』、坂本實訳、ちくま学芸文庫、二〇一〇年。

[9] A. Hájek, "Mises Redux"—Redux: Fifteen arguments against finite frequentism, *Erkenntnis* 45, (1996): 209–227.

[10] シャロン・バーチュ・マグレイン『異端の統計学 ベイズ』、冨永星訳、草思社、二〇一三年。

[11] A. Hájek, "Interpretations of Probability", *Stanford Encyclopedia of Philosophy*, Winter 2012.

[12] S. Vineberg, "Dutch Book Arguments", *Stanford Encyclopedia of Philosophy*, Spring 2016.

[13] C. Rovelli, "Relational quantum mechanics." *International Journal of Theoretical Physics* 35.8 (1996): 1637-1678.

[14] 木村元「情報から生まれる量子力学」、『別冊日経サイエンス199』、二〇一四年、七六－八三頁。

訳者あとがき

本書は、Hans Christian von Baeyer, *QBism: The Future of Quantum Physics* (Harvard University Press, 2016) を翻訳したものです（文中、〔 〕でくくった部分は訳者による補足です。また、参照されている資料に邦訳がある場合はその旨を補足しましたが、本訳書で用いられている訳文は、とくに断りのないかぎり、本書訳者による私訳です）。著者のフォン・バイヤーはドイツ生まれの理論物理学者で、現場の研究者としての第一線は退いていますが、一般向けの解説を書くという活動を旺盛に続けていて、『原子を飼いならす』（草思社）、『量子が変える情報の宇宙』（日経BP社）という既訳書も含む数点の著書があります。

本書は、量子物理学についても、その解説についてもプロであり、熟練している著者が、量子力学はよくわからなかったという告白で始まります。この感想は珍しいものではありませんが、よくわからない量子力学がそれでも使える一方で、誕生して一世紀になろうというのに、当の物理学者の人間の感覚とさえなじみきれていないというのはやはり奇異なことですし、まさしくそういうところに、この領域についての解説が手を変え品を変えて語られる原動力があるのだろうと思います。

そんな本書の新機軸は、確率の解釈の変更による量子力学の確率論的な枠組みの再編ということになるでしょうか。本書が掲げる「QBイズム」とは、「量子・ベイズ確率主義」の略で、量子力学の確率解釈をベイズ確率にするという方針を表します（本文でもお断りしましたが、日本では「Qビズム」という表記の方が通用しているのを承知で、ベイジアンの方も強調するために、あえてこのような表記をとりました――これで「キュービズム」と読んで、「だじゃれ」の方も生かしていただければと思います）。

　量子力学のよくわからないという感覚の元（いわゆる「奇妙なところ」）がどこにあり、ベイズ確率がどういうもので、それがどう組み合わさるかというのが本書の主題ですので、それについては本書の中身を見ていただくことにしますが、この解釈には、たとえば多世界解釈のように数学的に整合するひとまとまりの世界像は（まだ）提供しないものの、それにもかかわらず、なるほどと思える説得力を訳者は感じています。

　ちょっと話が変わり、詳細もはしょって恐縮ですが、「モンティ・ホール問題」という、一種のくじで、途中で選択変更の機会を与えられたとき、選択を変えた方が「当たり」の確率は上がると考えることが正解の問題があります。直観的には変えても変えなくても同じなのですが、変えた方が確率は上がるので、変えた方がよいということになります。ただ数学者ならぬ翻訳者の私は、その論理は理解できても、だから選択は変えた方がよいという結論には納得できない側にいます。「確率は上がる」というのは数学的な頻度説に基づく計算で、このゲームを何度も行う、たとえば主催者側からすると確かにそうなるだろうと思われる事態です。でも、ゲームに参加する方は、何度も繰り返して全体の利益を上げることを図れるわけでもなく、この一回に賭けなければなりません。いくら数学的には選択を変える方が正解だと言われても、選択を変えたら確率1で当たるというのならともかく、やはり外れる可能性もあるのなら、すんなりと変える方がいいとは思えません。そこに至るまでの状況やその場の雰囲気など、数学的確率では考えてはいけないとされるようなことも考え、また数学的には頻度説のような計算になるとされることを知っていればそのこともふまえて、そのときの選択をあらためて決めることになると思います（それで外れた方が、数学だけを「信じて」外れた場合より、納得はしやすいとも思います）。もちろん、そういう人々のゲームの結果を積み重ねれば、選択を変える／変えないによる当たり／はずれの分布は結局、頻度説の言うような形を示すことになるのでしょう。けれどもそれは「結果論」です。ベイズ確率はそういう結果が出る前の場面で、それでもその都度の一回の選択にとって参考になるよう考えられた確率だと思います。

本書あるいはＱＢイズムがベイズ確率を中心に据えるのは、その都度の観測を行う行為主体（エージェント、必ずしも意識ある人ではない）の側から見た量子力学的世界像の構成を考えようということだと思います。確かにそれは主観的なことでしょうが、結局のところ、確率に基づく判断は主観的なものにならざるをえません（頻度説に従おうと、それを元に「ここで選択は変えた方が良い」と判断するのは、選択という主観的判断と言えます）。そうした主観的な、それでも実際に行われる選択の集合がその次の未来を創り、ひいてはこの世界を（少しずつ）創るのではないか——主観的でもベイズ確率という数学的原理に乗せて、量子論の確率解釈をベイズ的にしようとする「ＱＢイズム」という本書の骨格もそういうところにあるようです。

本書を通じて、そこここに述べられる、言わば物理学と（確率論的）心理学という、従来はまったく別物とされたものを組み合わせた世界像を立てようという――その機が熟してきたのかもしれない――試みの意図をくみ取っていただければと思います。

本書の翻訳は、森北出版出版部の丸山隆一氏の勧めによって手がけることになりました。もうこの仕事も長くなりましたので、若い方から声をかけてもらえるのは、何よりありがたいことです。この機会を与えていただき、原稿への意見から出版までの作業を取り仕切ってくれたことに感謝します。また、木村元先生には熱意あふれる解説をいただき、装幀は小山巧氏に担当していただきました。これも記してお礼を申し上げます。

二〇一七年一〇月

訳者識

第20章 「今」の問題

1. N. David Mermin, "QBism as CBism: Solving the Problem of 'the Now,' " http://arxiv.org/abs/1312.7825
2. Rodolfo R. Llinás and Sisir Roy, "The 'Prediction Imperative' as the Basis for Self-Awareness," *Philosophical Transactions of the Royal Society* 364 (2009): 1301–1307.

第21章 完全な地図？

1. Lewis Carroll, *Sylvie and Bruno Concluded*, (London: Macmillan, 1893), chap 11.〔ルイス・キャロル「シルヴィーとブルーノ完結編」鴻巣友季子編『ルイス・キャロル』集英社文庫（2016）所収（抄訳、残念ながら11章は省略されている)〕
2. Marcus Appleby, "Concerning Dice and Divinity," November 26, 2006, http://arxiv.org/abs/quant-ph/0611261.
3. 同前。

第22章 行く手にあること

1. Richard Feynman, http://www.nobelprize.org/nobel_prizes/physics/laureates/1965/feynman-lecture.html.〔R. P. ファインマン『物理法則はいかにして発見されたか』江沢洋訳、岩波現代文庫（2001）に所収〕
2. Albert Einstein, "Über einen die Erzeugung und Verwandlung des Lichtes betreffenden heuristischen Gesichtspunkt," Annalen der Physik 17, no. 6 (1905): 132–148.〔アインシュタイン「光の発生と変換に関する一つの発見的な見地について」、湯川秀樹監修『アインシュタイン選集』第1巻、共立出版（1971）所収〕
3. N. Bent, H. Qassim, A. A. Tahir, D. Sych, G. Leuchs, L. L. Sánchez-Soto, E. Karimi, and R. W. Boyd, "Experimental Realization of Quantum Tomography of Photonic Qudits via Symmetric Informationally Complete Positive Operator-Valued Measures," *Physical Review* X 5 (October 12, 2015): 1–12, http://journals.aps.org/prx/abstract/10.1103/PhysRevX.5.041006.
4. Rüdiger Schack, https://intelligence.org/2014/04/29/ruediger-schack/.
5. Jon Yard, http://physik.univie.ac.at/uploads/media/Yard_Jon_05.06.14.pdf.（リンク切れ）
6. 同前。
7. http://www.gutzitiert.de/zitat_autor_max_planck_thema_wissenschaft_zitat_27498.html.

付録

1. Hans C. von Baeyer, "Quantum Weirdness? It's All in Your Mind," *Scientific American* 308, no. 6 (2013): 47.〔「Qビズム 量子力学の新解釈」『日経サイエンス』2013年7月号所収〕

第15章　物理学はすべて局所的

1. Arthur Fine, "The Einstein-Podolsky-Rosen Argument in Quantum Theory," *The Stanford Encyclopedia of Philosophy*, Winter 2014, http://plato.stanford.edu/archives/win2014/entries/qt-epr/.
2. Christopher A. Fuchs, N. David Mermin, and Rüdiger Schack, "An Introduction to QBism with an Application to the Locality of Quantum Mechanics," *American Journal of Physics* 82, no. 8 (2014): 749–754.

第16章　信じることと確実性

1. Arthur Fine, "The Einstein-Podolsky-Rosen Argument in Quantum Theory," *The Stanford Encyclopedia of Philosophy*, Winter 2014, http://plato.stanford.edu/archives/win2014/entries/qt-epr/.
2. 科学や哲学の論証での帰納とは違い、数学的帰納法は成り立つ。
3. Christopher A. Fuchs, N. David Mermin, and Rüdiger Schack, "An Introduction to QBism with an Application to the Locality of Quantum Mechanics," *American Journal of Physics* 82, no. 8 (2014): 755.

第17章　物理学と人間の経験

1. Christopher A. Fuchs, N. David Mermin, and Rüdiger Schack, "An Introduction to QBism with an Application to the Locality of Quantum Mechanics," *American Journal of Physics* 82, no. 8 (2014): 749.
2. N. David Mermin, "QBism Puts the Scientist Back into Science," *Nature* 507 (March 27, 2014): 421–423.

第18章　自然の法則

1. Max Planck, *Where Is Science Going*? trans. James Murphy (New York: W. W. Norton & Company, 1932), 107.

第19章　石が蹴り返す

1. Christopher A. Fuchs, "QBism, the Perimeter of Quantum Bayesianism," March 26, 2010, http://arxiv.org/abs/1003.5209.
2. 同前。
3. Christopher A. Fuchs, "The Anti-Växjö Interpretation of Quantum Mechanics," April 25, 2002, 11, http://arxiv.org/abs/quant-ph/0204146. この記事はQBイズムという言葉ができる前に発表された。

第10章　ベイズ師による確率

1. 所有格の「Bayes'」は、「Bayes's」と「Bayes」の妥協。
2. たとえば、W. T. Eadie, D. Drijard, F. E. James, M. Roos, and B. Sadoulet, *Statistical Methods in Experimental Physics* (Geneva, Switzerland: CERN, 1971) を参照。
3. 重要な但書がつく。事前確率が厳密に0あるいは1なら、新しい情報が得られてもこの値は変わらない。

第11章　明るみに出たＱＢイズム

1. Carlton M. Caves, Christopher A. Fuchs, and Rüdiger Schack, "Quantum Probabilities as Bayesian Probabilities," *Physical Review* A 65 (2002): 022305–022315.
2. N. David Mermin, "Is the Moon There When Nobody Looks? Reality and the Quantum Theory," *Physics Today*, April 1985, 38.

第12章　ＱＢイズム、シュレーディンガーの猫を救う

1. この発言は、猫ではなく文化について語ったナチの様々な幹部のものとされる言葉をもじっているが、発言者とされる人物はたいてい事実とは違っている。

第13章　ＱＢイズムのルーツ

1. Erwin Schrödinger, *Nature and the Greeks and Science and Humanism* (Cambridge: Cambridge University Press, 1996), 89 に引用されたもの。〔エルヴィン・シュレーディンガー『自然とギリシャ人・科学と人間性』水谷淳訳、ちくま学芸文庫（2014)〕
2. Christopher A. Fuchs, N. David Mermin, and Rüdiger Schack, "An Introduction to QBism with an Application to the Locality of Quantum Mechanics," *American Journal of Physics* 82, no. 8 (2014): 749.
3. Werner Heisenberg, "The Representation of Nature in Contemporary Physics," *Daedalus* 87 (1958): 99.
4. Fuchs, Mermin, and Schack, "Introduction to QBism," 757.
5. N. David Mermin, "Quantum Mechanics: Fixing the Shifty Split," *Physics Today*, July 2012, 8.

第14章　実験室での量子の奇妙なところ

1. 1964年、ジョン・ベルがEPR思考実験を実現する可能性を提起した。その案を実験室で実施するようになったのは1980年代初期のことで、今日まで続いている。
2. Arthur Fine, "The Einstein-Podolsky-Rosen Argument in Quantum Theory," *The Stanford Encyclopedia of Philosophy*, Winter 2014, http://plato.stanford.edu/archives/win2014/entries/qt-epr/.

む。ところが確率が負になることはない。確率は 0 と 1 の間の両端を含めた実数となる。さらに悪いことに、波動関数は通常、−1 の平方根のような虚数の量を含む。つまり波動関数の数値としての値が確率に等しいことはありえない。数学的に正しい言い方はこうなる。「確率密度は波動関数にその複素共役をかけたものに等しい」。本書ではこれを単純化して、波動関数が確率を「生む」のような言い回しにする。

4. 結果の動画を含む実験が、“Feynman's Double-Slit Experiment Gets a Makeover,” *Physics-world.com*, March 14, 2013 に記述されている。
http://physicsworld.com/cws/article/news/2013/mar/14/feynmans-double-slit-experiment-gets-a-makeover.

第6章　ここで奇蹟が起きる

1. Isaac Newton より Richard Bentley 宛。Letters to Bentley, 1692/3, third letter to Bentley, February 25, 1693, *The Works of Richard Bentley*, ed. A. Dyce, vol. 3 (London, 1838; repr., New York: AMS Press, 1966), 212-213.

第7章　量子の不確定性

1. x を干渉縞の間隔、d を二つのスリットの距離、L をスリットからスクリーンまでの距離として、波長 $\approx xd/L$ となる。
2. Bram Gaasbeek, “Demystifying the Delayed Choice Experiments,” July 22, 2010, http://www.arxiv.org/abs/1007.3977.

第8章　最も単純な波動関数

1. 通常の物体の回転量は、角運動量で表され、これはその物体の質量、形、回転速度で決まる。特筆すべきことに、角運動量の単位はプランク定数 h の単位と同じで、この合致はボーアが水素原子モデルを考えつくヒントになった。
2. “Raffiniert ist der Herr Gott, aber boshaft ist Er nicht,” Alice Calaprice, *The Expanded Quotable Einstein* (Princeton, NJ: Princeton University Press, 2000), 241.〔アリス・カラプリス編『アインシュタインは語る』増補新版、林一、林大訳、大月書店（2006）。なお、「わかりにくい」の原文は『神は老獪にして……』というアインシュタイン伝の邦訳タイトルになっている語句だが、ここでは、後の文意につながりやすいように、あえて意味をかみくだいて訳した。〕

第9章　確率をめぐるごたごた

1. D. M. Appleby, “Probabilities Are Single-Case, or Nothing,” *Optics and Spectroscopy* 99 (2005): 447–462, http://arxiv.org/abs/quant-ph/0408058.

原註

まえがき

1. George Gamow, *Mr. Tompkins in Paperback*, Canto Classics (Cambridge: Cambridge University Press, 2012).〔ジョージ・ガモフ『不思議の国のトムキンス』伏見康治訳、白揚社（2016, 復刻版）〕

第1章　量子の誕生

1. Helge Kragh, “Max Planck: The Reluctant Revolutionary,” *Physics World*, December 1, 2000, 31–35, http://www.math.lsa.umich.edu/~krasny/math156_article_planck.pdf.
2. 振動数は毎秒何周期かを表し、ヘルツと呼ばれ、Hz と略記される単位で表される。
3. 振動数の次元は毎秒、つまり秒の逆数の次元を持っているので、h に f をかけると秒が消えて、メートル系でのエネルギー単位ジュールを持つ量子 e が残る。
4. Phillip Frank, *Einstein—His Life and Times* (New York: Alfred A. Knopf, 1947), 71.〔フィリップ・フランク『評伝アインシュタイン』矢野健太郎訳、岩波現代文庫（2005）〕

第2章　光の粒子

1. “Do it Yourself Double Slit Experiment (Young's)—Easy At-Home Science,” YouTube video, http://www.youtube.com/watch?v=kKdaRJ3vAmA.

第4章　波動関数

1. F を重力の強さ、G を万有引力定数、m と M を引き合うそれぞれの質量、r を両者の距離として、$F = GmM/r^2$ となる。
2. 人間の髪の毛の幅ほどの長さで量子的な挙動を示せる音叉が作られ、科学誌の『サイエンス』によって、2010 年の「ブレイクスルー・オブ・ジ・イヤー」〔最優秀飛躍的研究成果〕とされた。http://en.wikipedia.org/wiki/Quantum_machine を参照。

第5章　「物理学で最も美しい実験」

1. マックス・プランクの振動子はエネルギー準位が少しずれていたが、ニールス・ボーアは、自分の考えた素朴な機械的モデルから水素のエネルギー準位を表す正しい数式をひねり出していた。波動関数が考えられるより十年あまり前のことだった。
2. $F = ma$ となる。m は物体の質量、a は物体の加速度、F は外部からかかる力を差し引きした正味の力で、これが加速度をもたらす。
3. 波の数学的な記述は通例、x 軸を基準にした波の上下の高さを表す正と負の値を含

の解釈 interpretation of Schrödinger's cat paradox, 106-110
観測者と observer and, 164
客観的実在と objective reality and, 115-120
局所性と locality and, 122
コペンハーゲン解釈 Copenhagen interpretation, 189
実在論と realism and, 123
自発的収縮理論 spontaneous collapse theories, 192
数理モデルと mathematical models and, 28
測定と measurement and, 164, 168
多世界解釈 many-worlds interpretation, 191
哲学への疑念 suspicion of philosophy, 79
二重スリット実験と double-slit experiment and, 43-45
〜の意味 meaning of, 148, 181
〜の運動法則 law of motion, 46
〜の旧解釈 older interpretations of, 189-192
パイロット波（ガイド場）解釈 pilot-wave (guiding-field) interpretation, 191
波動関数と wavefunction and, 31 →「QBイズム」
パラドックスと paradox and, 122
ベイズ確率と Bayesian probability and, 100-105
量子力 Quantum force, 191
リンドリー Lindley, Dennis, 142

ルーレット（たとえ話）Roulette parable, 83-85

ローゼン Rosen, Nathan, 121, 137, 139, 157

ボーア Bohr, Niels, 28
原子モデル atomic model, 24-27, 61, 228
コペンハーゲン解釈と Copenhagen interpretation and, 190
前もって与えられている on a priori given, 148
量子力学の目的について on purpose of quantum mechanics, 115
ボーア半径 Bohr radius, 26
ホイーラー Wheeler, John Archibald, 162-167, 181
ホーキング Hawking, Stephen, 106
ボース＝アインシュタイン統計 Bose-Einstein statistics, 78
ボース Bose, Satyendra Nath, 78
ポドルスキー Podolsky, Boris, 121, 137, 139, 157
本質的ランダムさ Essential randomness, 41
本当に大きな問題（RBQ）、ホイーラーと Really Big Questions (RBQs), Wheeler and, 162
ホーン Horne, Michael, 126

ま

マーミン Mermin, N. David, 119, 137, 154, 172, 193

目撃者検出装置 Witness detector, 59
もつれ、シュレーディンガーの猫と Entanglement, Schrödinger's cat paradox and, 108
もつれた状態 Entangled state, 126

や

ヤード Yard, Jon, 184
ヤング Young, Thomas, 16, 59, 108

陽子 Proton, 26
予測 Prediction:
「今」への影響 influence on the Now, 174
確定性 certainty in, 177
ヨルダン Jordan, Ernst Pascual, 104
弱め合う干渉 Destructive interference
電子と electrons and, 22
光の波と light waves and, 16
量子系と quantum systems and, 69

ら

ラプラス Laplace, Pierre-Simon, 87
ランダムさ Randomness, 40
アニー・オークレイの Annie Oakley, 40
量子的（本質的、内在的）quantum (essential, intrinsic), 40

離散性 Discreteness, 61, 69
粒子説、光の Particle theory of light, 16
粒子統計 Particle statistics, 79
粒子の速度と位置 Particles, velocity and positions of, 55 →「波動／粒子の二重性」
量子 Quantum:
ジュールと joule and, 228
なぜ〜か why the, 162, 181
〜の誕生 creation of, 2-11
量子効果、系の大きさと Quantum effects, system size and, 117
量子次元 Quantum dimension, 185
量子状態 Quantum state, 190
量子情報理論 Quantum information theory, iii
量子的全確率の公式 Quantum law of total probability, 184
量子的ランダムさ Quantum randomness, 40
量子電磁力学（QED）Quantum electrodynamics (QED), 134, 180
量子の奇妙なところ Quantum weirdness, iii, 117
EPRパラドックス実験 EPR paradox experiments, 122
思考実験 thought experiments, 121
シュレーディンガーの猫と Schrödinger's cat and, 108
量子ベイズ主義 Quantum Bayesianism →「QBイズム」
「量子ベイズ主義」（フックス）Quantum Bayesianism (Fuchs), iii
量子力学 Quantum mechanics, ii
QBイズムと〜的概念の意味 QBism and meaning of concepts of, 181
応用 applications, 116
シュレーディンガーの猫のパラドックス

頻度主義的確率 Frequentist probability, vi, 79-86, 183
ビン・ラディン bin Laden, Osama, 82

ファインマン図 Feynman diagrams, 134
『ファインマン物理学講義』*The Feynman Lectures on Physics* (Feynman), 43, 111
ファインマン Feynman, Richard:
書き換え方、量子力学の reformulation and, 180
仮説／勘 on hypothesis/guess, 156
原子論宣言 atomist manifesto, 111
スピン on spin, 65
二重スリット実験と double-slit experiment and, 43-45, 183
ファインマン図 Feynman diagrams, 134
ホイーラーと Wheeler and, 162
量子力学の理解 on understanding quantum mechanics, iii
ファン・フラーセン Van Fraassen, Bas, 75
『フィジックス・ワールド』（雑誌）*Physics World* (journal), 43
フェルトシュレッシェン Feldschlösschen, 170
フェルマー Fermat, Pierre de, 186
不確定性原理 Uncertainty principle, 54-60
観測者効果 observer effects and, 56
スピンと spin and, 65
フックス Fuchs, Christopher (Chris):
QB イズムと QBism and, iii-v, 86, 187
局所性と locality and, 137
行為主体の役割について、QB イズムでの on role of agent in QBism, 150, 165
シュレーディンガーの猫と Schrödinger's cat and, 106
ホイーラーと Wheeler and, 162
量子実験について on quantum experiments, 168
量子次元について on quantum dimension, 185
『不思議の国のアリス』（キャロル）*Alice in Wonderland* (Carroll), 176
物理学 Physics:
心理学と psychology and, 186 →「古典物理学」
部門、現代～の division of modern, 117
目標 goal of, 28
「物理的実在の量子力学的記述は完全と考えうるか」（EPR 論文）"Can the Quantum-Mechanical Description of Physical Reality Be Considered Complete?" (EPR), 121, 139
ブラックホール Black hole, 162
プランク＝アインシュタインの式（e = *hf*）Planck-Einstein equation, 8, 14, 30, 57
プランク定数 Planck's constant, 9, 32, 57, 184, 227
スピンと spin and, 64
ボーア原子モデルと Bohr atomic model and, 24
プランク Planck, Max
科学的真理について on scientific truths, 187
自然法則について on nature's laws, 156
スペクトル曲線と radiation curves and, 4, 14
調和振動子と harmonic oscillators and, 6, 228
～の放射式 radiation law, 78
量子の考案と creation of quantum and, 2-11

ベイズ確率 Bayesian probability, vi, 88-98
確定と certainty and, 141
信じる度合いと degree of belief and, 89-93, 100, 137
量子力学と quantum mechanics and, 100-105
例 example, 92-97
「ベイズ確率としての量子確率」"Quantum Probabilities as Bayesian Probabilities" (Caves et al.), 101
ベイズ Bayes, Thomas, 68, 87
ベイズの法則 Bayes's law, 87, 92
確定と certainty and, 141
式 equation, 94-96
人間の運動制御と human motor control and, 175
ベル Bell, John, 118, 150, 226
ヘルツ Hertz, 228
ペレス Peres, Asher, 109, 131
変化、ベイズ確率と確率の Change, Bayesian probability and possibility of, 92

時間と time and, 114
自然の法則 laws of nature and, 156
絶対空間／絶対時間と absolute space/absolute time and, 114
万有引力の法則 universal law of gravitation, 28, 49-53, 133
ニュートン物理学 Newtonian physics. →「古典物理学」
人間の経験、物理学と Human experience, physics and, 148-155

『ネイチャー』（雑誌）*Nature* (journal), 154

は

ハイゼンベルク Heisenberg, Werner, 54-56
客観的実在 on objective reality, 115
コペンハーゲン解釈と Copenhagen interpretation and, 190
ハイゼンベルクの切れ目 Heisenberg cut, 118
ハイゼンベルクの顕微鏡 Heisenberg's microscope, 56, 60
排他原理 Exclusion principle, 78
パイロット波（ガイド場）解釈 Pilot-wave (guiding-field) interpretation, 191
バークレー Berkeley, George, 104
バタフライ効果 Butterfly effect, 166
波長 Wavelength:
式 formula, 227
「どちらの経路か」情報と which-path information and, 58
波動関数 Wavefunction, 28-36
QB イズムと QBism and, 105, 182, 190
ウィグナーの友人とキュービット paradox of Wigner's friend and qubit, 103-105
確率と probability and, 42
キュービット qubit, 68, 104
コペンハーゲン解釈と Copenhagen interpretation and, 190
スピン spin, 66
多世界解釈と many-worlds interpretation and, 191
地図のたとえ map analogy, 33
電子の～ of electron, 46, 65
～の数値 numerical value of, 202
～の性質 properties of, 61
波動／粒子の二重性と wave/particle duality and, 37 →「波動関数の収縮」
不確定性原理と uncertainty principle and, 54-60
波動関数の収縮 Collapse of the wavefunction, 39, 46
QB イズムと QBism and, 101-105
科学の正統派としての as scientific orthodoxy, 53
キュービットと qubit and, 70
自発的収縮と spontaneous collapse theories and, 192
量子力学の旧解釈と older interpretations of quantum mechanics and, 190
客観的実在と objective reality and, 104
電子の of electrons, 46
パラドックス Paradoxes:
EPR ～ , 122
ウィグナーの友人 Wigner's friend, 103-105, 106, 121, 148
シュレーディンガーの猫 Schrödinger's cat, iii, 106-110
パラメータ Parameter, 8
ハリス Harris, Sidney, 47
万有引力 Universal gravitation, 28, 49-53, 133, 228

光 Light:
光の正体 nature of, 13
粒子としての as particles, 14, 20-27 →「光子」
光の波 Light waves, 2-5, 13, 16
干渉と interference effects and, 16
二重スリットによる干渉と double-slit interference and, 17, 20
ヒッグス・ボソン Higgs boson, 14, 136
ビット bit, 110
～はイットから it from, 162
ヒューリスティックな役割（QB イズムの）Heuristic role, QBism and, 181
標準モデル、素粒子物理学の Standard model of particle physics, 136
ヒルベルト Hilbert, David, 184

コペンハーゲン解釈での in Copenhagen interpretation, 190
振動数の of frequency, 228
スピンの of spins, 128
量子の不確定性と quantum uncertainty and, 56
量子力学と quantum mechanics and, 164, 168, 228
速度、粒子の Velocity of particle, 54
素粒子の分類 Elementary particles, sorting, 79
素粒子物理学の標準モデル Particle physics, standard model of, 136

た

ダークエネルギー Dark energy, 27
ダークマター Dark matter, 27
多世界解釈 Many-worlds interpretation, 191
単一試行確率 Single-case probability, 81, 85
弾丸、飛び方 Bullet, flight of, 38, 41, 47

遅延選択実験 Delayed choice experiment, 59
地図 Map:
波動関数、～としての wavefunction compared to, 33-36
理想の ideal, 176-179
「知性」、自然を知覚する Intellect, perceiving nature through, 112
抽象概念 Abstraction, 60
調和振動子 Harmonic oscillator, 6
波動関数の wavefunction of, 32, 39
不確定性原理と uncertainty principle and, 55

ツァインガー Zeilinger, Anton, 126
強め合う干渉 Constructive interference, 17
量子系と quantum systems and, 30

データ圧縮 Data compression, 159, 163
デモクリトス Democritus, 111-120, 164, 186
電子 Electrons, 11, 61
GHZ 実験と GHZ experiment and
大きさ size of, 63
カモノハシ（たとえ）likened to platypus, 24
光電効果 in photoelectric effect, 12
磁気 magnetism of, 62, 64, 67
数式、～のふるまいを予想する mathematical equations predicting behavior of, 29
スピンと spin and, 61-67
電子とは description of, 62
二重スリット実験 double-slit experiment, 22, 43-45, 65, 117, 184
排他原理 exclusion principle, 78
波動関数 wavefunction of, 46, 65
波動／粒子の二重性と wave/particle duality and, 22, 37-45
ファインマン図 Feynman diagrams, 134
電子銃 Electron gun, 38, 41, 46
点粒子、回転 Point particle, rotation and, 63

統計学的ランダムさ Statistical randomness, 40
特殊相対性理論 Special theory of relativity, 12, 117
遠隔作用と action at a distance and, 52, 133
絶対的客観性の放棄と break with absolute objectivity and, 114
～の法則 laws of, 157
パイロット波解釈と pilot-wave interpretation and, 192
ボーア・モデルと Bohr model and, 25
トムソン Thomson, G. P., 22
トムソン Thomson, J. J., 22-23

な

内在的ランダムさ Intrinsic randomness, 41
波 Waves:
音波 sound, 57
水面波 water, 21, 57 →「光の波」

二重スリット実験 Double-slit experiment:
光子 with photons, 17, 20, 43
スピンと spin and, 65
電子の with electrons, 22, 43-45, 65, 117, 184
不確定性原理と uncertainty principle and, 58
二進数 Binary digit, 67
ニュートリノ Neutrinos, 136
ニュートン Newton, Isaac:
運動の普遍的法則 universal law of motion, 47
遠隔作用と action at a distance and, 49
客観的実在と objective reality and, 116

cle duality and perception of, 116
ボーア Bohr on, 148
量子力学、〜理解の道具としての quantum mechanics as technique for comprehending, 152
量子論と quantum theory and, 116-120
実在論 Realism:
EPR と EPR and, 124
GHZ 実験と GHZ experiment and, 126-132
局所性と locality and, 137
自発的収縮理論 Spontaneous collapse theories, 192
シャック Schack, Rüdiger, 137, 187
シャボン玉、干渉の表れ Soap bubbles, interference effects and, 18
自由意志 Free will, 161, 186
重力 Gravity:
アインシュタインの理論 Einstein's theory of, 51
万有引力の法則 universal gravitation, 28, 49-53, 133, 228
主観、QB イズムと客観／〜 Subjective, QBism and objective vs., 119
ジュール（単位）Joule, 228
シュレーディンガー Schrödinger, Erwin:
客観・主観の関係 on object-subject relations, 116
シュレーディンガーの猫と Schrödinger's cat and, 106-110
波動関数と wavefunction and, 30, 36
シュレーディンガーの猫 Schrödinger's cat paradox, iii, 106-110
QB イズムと QBism and, 120
情報 Information:
自然理解の鍵としての〜 as key to understanding nature, 163
ベイズ確率と新しい〜 Bayesian probability and new, 92-98
ジョンソン Johnson, Samuel, 139, 148, 168
信号 Signal, 59
信条／信じる Belief:
確定と certainty and, 145
信じる度合い、ベイズ確率と Degree of belief, Bayesian probability and, 89-93, 100, 137
振動数（周波数）Frequency:
エネルギー密度と energy density and, 3
音波の of sound waves, 31
調和振動子と harmonic oscillators and, 6
波の持続時間と duration of waves and, 57
〜の測定 measurement of, 228
光の波の of light waves, 2
心理学、物理学と Psychology, physics and, 186

推移律 Transitivity, 125
水素原子モデル Hydrogen, atomic model, 24
水面波 Water waves, 21
〜の持続時間と振動数 duration and frequency of, 57
数学的形式、波動関数の Mathematical form, of wavefunction, 30
数学的抽象概念、物理学 Mathematical abstractions, in physics, 60
数理モデル Mathematical models, 28
完璧な〜、物理学の目標としての perfect, as goal of physical science, 176
調和振動子 harmonic oscillator, 30
スタンフォード哲学百科事典 Stanford Encyclopedia of Philosophy, 124
スピン、電子の Spin, electrons and, 61-67
GHZ 実験と GHZ experiment and, 126-132
推移率と transitivity and, 126
スピンの向き Direction: spin, 64, 126
推移律と transitivity and, 126
スピン波動関数 Spin wavefunction, 66
スペクトル曲線 Radiation curves, 3-5, 8, 14

世界観、QB イズムの Worldview, QBist, 152
赤外線 Infrared frequencies, 3
絶対空間 Absolute space, 114
絶対時間 Absolute time, 114, 172
ゼロ（0）、ベイズ確率と Zero (0), Bayesian probability and, 90, 142-145
全確率の公式 Law of total probability, 183

相対性理論 Relativity theory, 9
一般〜 general, 52, 121, 133 →「特殊相対性理論」
測定 Measurement:

グルーオン Gluons, 136
クロムウェル Cromwell, Oliver, 142, 145
クロムウェルの差止め規則 Cromwell's rule, 142-145, 160

形而上学、ホイーラーと Metaphysics, Wheeler and, 163
現在、時間と Present, time and, 173
原子 Atom:
シュレーディンガーの猫、〜の状態 Schrödinger's cat paradox and state of, 107
ボーア・モデル Bohr model of, 25-27, 227
原子がとるエネルギー Atomic energies, 30
原子論 Atomism/atomists, 11, 13, 28
QBイズムと QBism and, 111

コイントス Coin toss:
頻度主義的確率と frequentist probability and, 79-86, 183
ベイズ確率と Bayesian probability and, 88
行為主体 Agent:
各〜の今 uniqueness of Now to each, 172 →「個人的経験」
測定と measurement and, 164
ベイズ確率と Bayesian probability and, 89, 141
光子 Photons, 11, 14
区別できない indistinguishable quality of, 77
遅延選択実験と delayed choice experiment, 59
二重スリット実験 double-slit experiment, 20, 59
波動／粒子の二重性と wave/particle duality and, 20 →「光」
ファインマン図と Feynman diagrams and, 134
ボース＝アインシュタイン統計と Bose-Einstein statistics and, 78
光電効果 Photoelectric effect, 12-14, 19
コージブスキー Korzybski, Alfred, 35, 68
個人的経験 Personal experience:
QBイズムと QBism and, 137, 150-155 →「行為主体」
世界モデルと models of the world and, 148
古典物理学 Classical physics, ii
ボーアの原子モデルと Bohr atomic model and, 30
ランダムさと randomness and, 38
コペンハーゲン解釈 Copenhagen interpretation, 189

さ

サイコロ Dice throws, 4
参加型宇宙 Participatory universe, 164-168
算術の基本定理 Fundamental theorem of arithmetic, 183

紫外線 Ultraviolet light, 3
時間 Time:
現在と the present and, 171
絶対〜 absolute, 114, 171
相対的〜 relative, 172
流れを止める、〜の stopping flow of, 169
磁気、電子の Magnetism, of electron, 62, 64, 67
実験 Experiments:
行われていない unperformed, 110, 131, 164
GHZ , 126-132
遅延選択 delayed choice, 59
量子系との相互作用としての as interaction between quantum systems, 165
量子測定と quantum measurement and, 168
思考実験 Thought experiments, 121, 226
事後確率 Posterior probability, 96
事実創造 Fact creation, 165
事前確率 Prior probability, 96
自然の認識のしかた Nature, ways of perceiving, 112-120 →「実在」
自然法則 Nature's laws, 50
〜の考案 invention of, 156
〜の地位 status of, 158
持続時間、振動数と Duration, frequency and, 57
実在 Reality:
EPRパラドックスと EPR paradox and, 121-124
QBイズムと QBism and, 104, 167
特殊相対性理論と〜の知覚 special theory of relativity and perception of, 115
〜の知覚 perception of, 113, 148
波動／粒子の二重性と〜の知覚 wave/parti-

確率 1、ベイズ確率と One (1), Bayesian probability and, 90, 142-145
確率論 Probability theory, 75
隠れた変数 Hidden variables, 103
GHZ 実験と GHZ experiment and, 131
賭け、ベイズ確率での Betting, in Bayesian probability theory, 89
重ね合わせ Superposition:
キュービットと qubits and, 69
波動関数の of wavefunction, 33, 182
光の波の of light waves, 16
量子系の quantum systems and, 30
仮説、法則への移行 Hypothesis, transition to law, 157
偏りのなさ、頻度主義的確率の Fairness, frequentist probability and, 80, 82-86
楽器、振動数と Musical instruments, frequencies in, 31
神 God:
自然法則と laws of nature and, 157
～の心を知る knowing mind of, 157, 177
カモノハシ（電子のたとえ）Platypus, electrons likened to, 24
ガモフ Gamow, George, ii
ガリレオ Galileo, 124
カルナップ Carnap, Rudolf, 172
「感覚」、～を通じて自然を知覚する Senses, perceiving nature through, 113, 120
干渉 Interference effects, 16-19
表れ displays of, 18
強め合う～ constructive, 17
弱め合う～ destructive, 16, 22, 30
量子系の quantum systems and, 30
観測 Observation, 156
時間の流れを止める stopping flow of time and, 169
観測者 Observer, 164, 166
観測者効果、不確定性原理と Observer effect, uncertainty principle and, 56, 58

黄色（光）Yellow light, 3
機械的モデル Mechanical models, 28
気象学、ベイズ確率と Climate science, Bayesian probability and, 97

奇蹟（漫画、ハリス）Miracle cartoon (Harris), 47
帰石法（石に帰着する論証）Argumentum ad lapidem, 139
規則（ルール）Rule, 159
帰納による論証 Induction, argument by, 140, 200
帰納的推理 Inductive reasoning, 156
帰納法 Argument by induction, 140, 225
帰謬法（背理法）Argumentum ad absurdum, 139
気味の悪い遠隔作用 Spooky action at a distance, 123
QB イズムと QBism and, 131
気味の悪い作用 Spooky effect, 130
客観性、頻度主義的確率と Objectivity, frequentist probability and, 79
客観、QB イズムと～／主観 Objective, QBism and subjective vs., 119
キャロル Carroll, Lewis, 176, 179
ギャンブラーの誤謬 Gambler's fallacy, 81, 91
キュービット（量子ビット）qubit (quantum bit), 67-71, 110
GHZ 実験の GHZ experiment and, 125-132
～の実験的利用 experimental use of, 125
～の量子次元 quantum dimension of, 185
キュービット波動関数 qubit wavefunction, 68-71
ウィグナーの友人と paradox of Wigner's friend and, 104
キューブ工場 Cube factory, 75
共有経験、QB イズムと Shared experiences, QBism and, 152
行列 Matrix (matrices), 34, 67, 185
極限をとる Going to the limit, 143
局所性 Locality, 122, 125, 136-138
GHZ 実験 GHZ と experiment and, 129-132
QB イズムと QBism and, 137
「今」の共有と sharing the Now and, 173
近接作用 Local action, 52

クォーク Quarks, 136
暗いところ（干渉縞の）Dark spots, 16
グリーンバーガー Greenberger, Daniel, 126

ボースの計算と Bose's calculation and, 78
量子のランダムさと quantum randomness and, 40
量子力学の代表像と icon of quantum mechanics and, 9
青（光）Blue light, 2
赤（光）Red light, 2
アップルビー Appleby, Marcus, 83, 86, 178, 186, 193
アニー・オークレイのランダムさ Annie Oakley randomness, 40
『アニーよ銃をとれ』Oakley, Annie, 38
アリストテレス Aristotle, 41

意識、QB イズムと Consciousness, QBism and, 178
位置、粒子の Position of particle, 54
一般相対性理論 General theory of relativity, 102, 117, 133
「今」の問題 Now, the problem of the, 169-175
意味 Meaning:
確率の of probability, 98
量子力学の of quantum mechanics, 148, 181
因果律 Cause and effect, law of, 41

ウィグナーの友人 Wigner's friend paradox, 103-105, 106, 121, 148
ウィグナー Wigner, Eugene, 103
ウィンター Winter, Rolf, 23
ウェービクル "Wavicle," 23
ヴェン Venn, John, 87
宇宙 Universe:
参加型〜 participatory, 164
多世界解釈での in many-worlds interpretation, 191
運動 Motion:
普遍的法則、〜の universal law of, 47
量子力学的法則、〜の quantum mechanical law of, 47

エウクレイデス（ユークリッド）Euclid, 183
エネルギー Energy　30
光子と photons and, 10
調和振動子と harmonic oscillators and, 6-9, 32
エネルギー密度、振動数と Energy density, frequency and, 3
遠隔作用 Action at a distance, 49-53
QB イズムと QBism and, 132, 133
気味の悪い〜　spooky, 123, 132

大きさ、スピンの Magnitude, of spin, 64
行われていない実験 Unperformed experiments, 110, 131, 164
オバマ Obama, Barack, 82
音叉 Tuning fork, 6, 37, 117, 228
音波 Sound waves, 31, 57　→「調和振動子」

か

回転 Rotation:
角運動量と angular momentum and, 227
点粒子の of point particle, 63
ガイド場（パイロット波）解釈 Guiding-field (pilot-wave) interpretation, 191
科学的実在論 Scientific realism, 124
科学的真理 Scientific truths, 187
科学的方法 Scientific method, 153
書き換え Reformulations, 181, 182
角運動量 Angular momentum, 227
確定（性）Certainty:
QB イズムと QBism and, 142-145
自然法則と nature's laws and, 160
信じることと belief and, 145
ベイズ確率と Bayesian probability and, 141
予測と prediction and, 177
確率 Probability, vi, 74-86
QB イズムと QBism and, 183
重ね合わせと superposition and, 69
キューブ工場 cube factory, 75
式 formula, 75
全〜の公式 law of total, 183
単一試行〜 single-case, 81, 85
電子銃と electron gun pattern and, 41
波動関数と wavefunction and, 42, 61, 226
波動関数の収縮と wavefunction collapse and, 48
頻度主義的〜 frequentist, vi, 79-86, 87, 90, 97
ベイズ〜 Bayesian　→「ベイズ確率」
量子的全〜の公式 quantum law of, 184

索引

英数字

EPRパラドックス EPR paradox, 122
　〜に関する実験 experiments on, 123
GHZ実験 GHZ experiment, 126-132, 133, 137
GHZ則 GHZ rule, 131, 138
QBイズム（量子ベイズ主義）QBism (Quantum Bayesianism), iv
　意識と consciousness and, 178
　「今」の問題と problem of the Now and, 172-175
　ウィグナーの友人のパラドックスと paradox of Wigner's friend and, 103-105, 106
　確定性と certainty and, 142-145
　確率1と0の割当て probability 1 and 0 assignments, 142
　神の心と mind of God and, 154, 157
　気味の悪い遠隔作用の回避と avoiding spooky action at a distance and, 123
　キュービットと qubit vs., 68
　局所性と locality and, 139
　クロムウェルの差止め規則と Cromwell's rule and, 142-145
　個人的経験の価値 value of personal experience and, 148-155
　コペンハーゲン解釈と Copenhagen interpretation vs., 189
　参加型宇宙と participatory universe and, 164
　自然法則の地位、〜における status of nature's laws in, 158
　実在と reality and, 144, 164
　シュレーディンガーの猫と Schrödinger's cat paradox and, 109, 120
　信じる度合いとしての確率、一人の行為主体の probability as degree of belief of single agent, 137
　内在的ランダムさと intrinsic randomness and, 41
　〜の根源 roots of, 111
　〜の誕生 creation of, 100
　〜のテーゼ thesis of, 100
　ハイゼンベルクの切れ目と Heisenberg cut and, 118
　波動関数と wavefunction and, 189
　波動関数の収縮と collapse of the wavefunction and, 101-103
　ヒューリスティックな役割 heuristic role of, 182-188
　ベイズ確率と Bayesian probability and, 88, 91
　ラジカルな解釈としての as radical interpretation of quantum mechanics, 189
　量子力学的概念の意味と meaning of quantum mechanic concepts and, 181

あ

アインシュタイン Einstein, Albert:
　EPRパラドックスと EPR paradox and, 121
　EPR論文 EPR paper, 121-124, 137, 139
　「今」on the Now, 171
　遠隔作用と action at a distance and, 52
　ガイド場解釈と guiding-field interpretation and, 191
　神 on God, 66
　完璧な地図と perfect map and, 178
　気味の悪い遠隔作用と spooky action at a distance and, 123
　客観的実在 on objective reality, 104
　光子と photons and, 11, 14, 182
　光電効果と photoelectric effect and, 12-16, 19
　思考過程 thought process, 12
　重力と gravity and, 50
　相対性理論と theories of relativity and, 9, 12, 133
　特殊相対性理論 special theory of relativity, 12, 114
　波動説と粒子説の融合 on fusion of wave and particle theories, 22

著　者　**H. C. フォン・バイヤー**（Hans Christian von Baeyer）

物理学者。ウィリアム・アンド・メアリー大学名誉教授。邦訳されている著書に、『原子を飼いならす：見えてきた極小の世界』（高橋健次訳、草思社、1996）、『量子が変える情報の宇宙』（水谷淳訳、日経 BP 社、2006）がある。QB イズムの発案者、クリストファー・フックス氏と親交をもち、近年は QB イズムの分かりやすい解説に力を入れている。

訳　者　**松浦 俊輔**（まつうら・しゅんすけ）

翻訳家。名古屋学芸大学非常勤講師。最近の訳書にショーン・キャロル『この宇宙の片隅に』（青土社）、トマス・リッド『サイバネティクス全史』（作品社）、ジョセフ・メイザー『フロックの確率』（日経 BP 社）などがある。

解　説　**木村 元**（きむら・げん）

芝浦工業大学システム理工学部准教授。専門は量子論基礎、量子情報、確率論。共著書に『量子情報科学入門』（共立出版）、翻訳書に『マーミン 量子コンピュータ科学の基礎』（丸善）などがある。

編集担当　丸山隆一（森北出版）
編集責任　藤原祐介（森北出版）
組　　版　コーヤマ
印　　刷　丸井工文社
製　　本　ブックアート

QBism　量子×ベイズ——量子情報時代の新解釈　版権取得　*2016*

2018 年 3 月 6 日　第 1 版第 1 刷発行

訳　　者　松浦俊輔
発 行 者　森北博巳
発 行 所　**森北出版株式会社**
東京都千代田区富士見 1-4-11（〒 102-0071）
電話 03-3265-8341／FAX 03-3264-8709
http://www.morikita.co.jp/
日本書籍出版協会・自然科学書協会　会員
JCOPY　＜(社)出版者著作権管理機構 委託出版物＞

落丁・乱丁本はお取替えいたします.

Printed in Japan／ISBN978-4-627-15631-9

MEMO

MEMO

MEMO